廿四分之一挑食

From Time to Land 節氣食材手札

SEED DESIGN
www.seedesign.com.tw

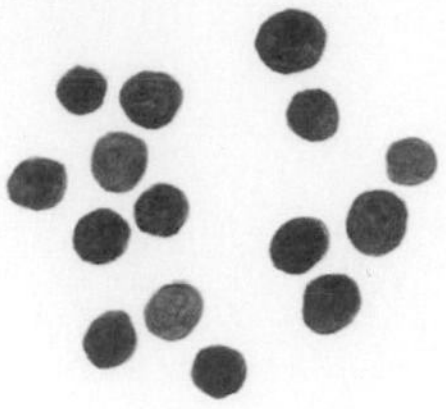

廿四分之一挑食

我從那個年代走來的。

住的是三合院聚落，外圍都是農田，生活幾乎等於了農事，八卦山脈台地上的鳳梨總在最炎熱的夏季收成；颱風來了，冒著風雨採荔枝，免得颱風掃過，只能在地上撿落果；破布子一直都跟著芒果一起熟。

長大了，活動範圍更大，更好奇許多地方有著家鄉沒有的作物、以及對應的不同生活，於是就這樣一個個小地方、小區域的精彩，匯聚成了台灣的物產豐饒，若不是一方風土產一方風物，很多小村小鄉不會在台灣被知道。

那個年代，生活絕對是跟著節氣走的，吃的是這個時節出產的農產、這附近人家種的農產。

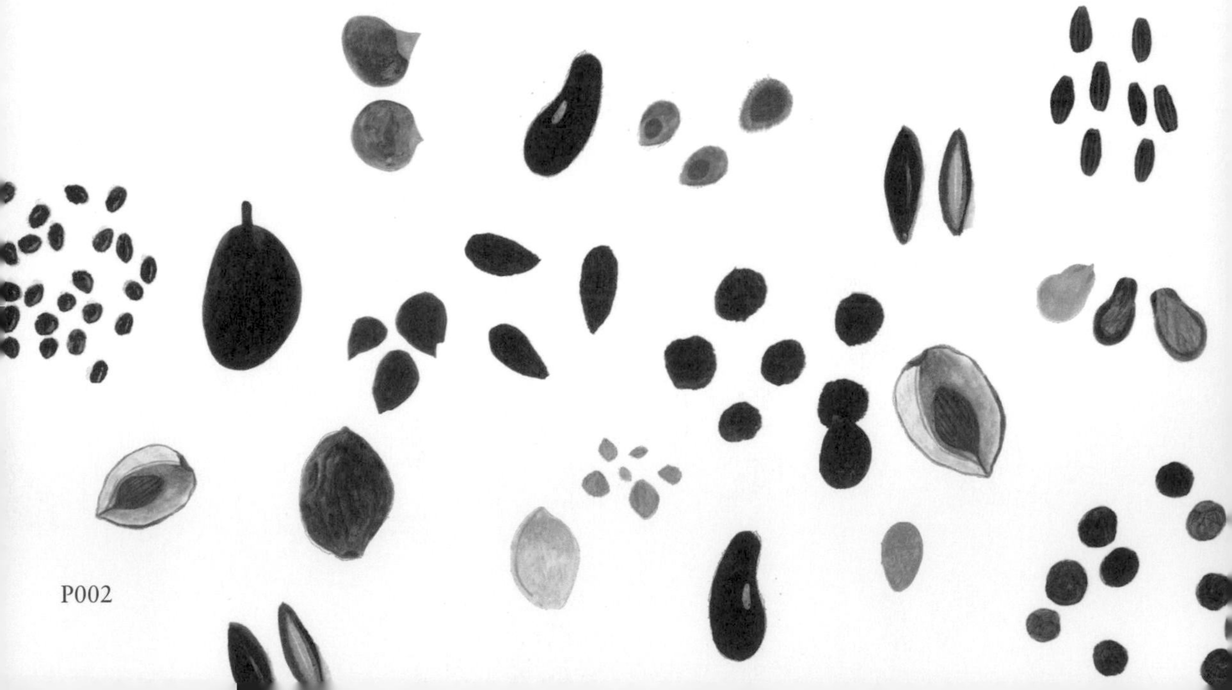

我們從那個年代走過來了。

辦公室裡永遠的恆溫空調，因此對季節推移、氣候轉變的敏感鈍化了；因為品種多元、產期調節，當令正期模糊了；物流的便捷，距離不是問題，產地感也消失了，一切的一切似乎沒有過去那般清晰。

我們開始懷念起那個年代來了。

總還想在這模糊的輪廓痕上，再加以深鑿幾刀，於是我們開始「挑食」，希望從食材群像中，可以理出一丁點兒脈絡。逛逛菜市場，菜販會告訴你什麼正對時；跟農夫做朋友，他有很多來自土地的哲理；從市場往上溯，也從產地往下追。

在眾聲喧嘩的年代，挑食是必要的，我們用我們習慣、喜歡、思考的方式挑食，從時間去挑、從土地去挑、從品種去挑、從產地去挑、從生產者去挑，甚至從顏色、氣味、形狀去挑。

這挑食的整個過程，其實還饒富興味的。

design

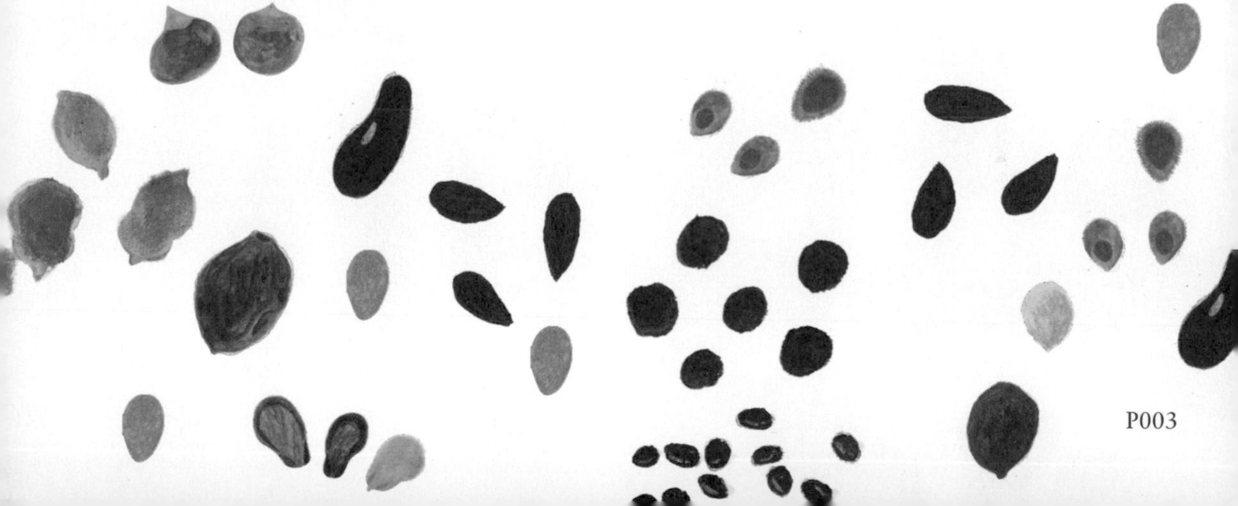

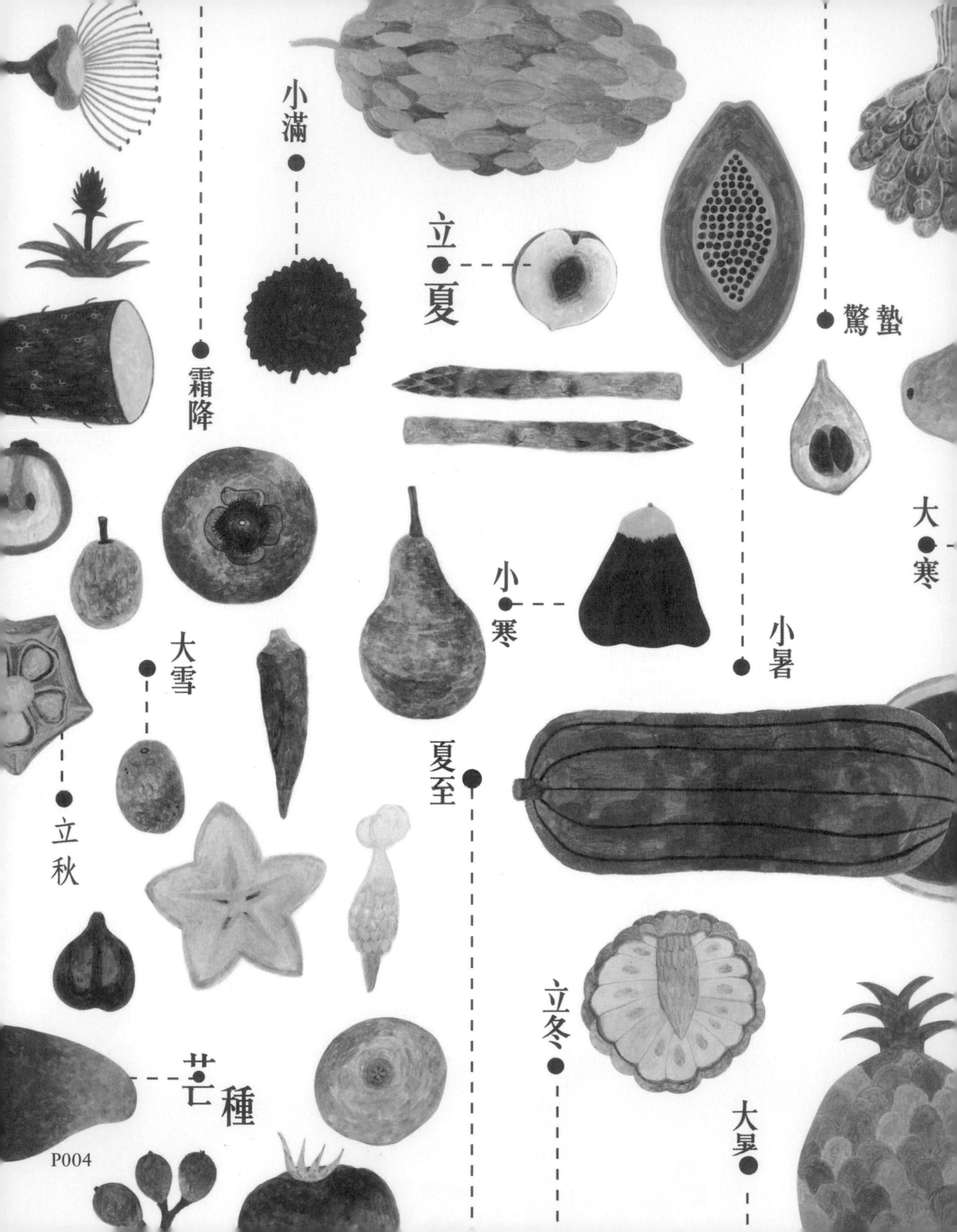
小滿
立夏
驚蟄
霜降
大寒
小寒
小暑
大雪
夏至
立秋
立冬
芒種
大暑

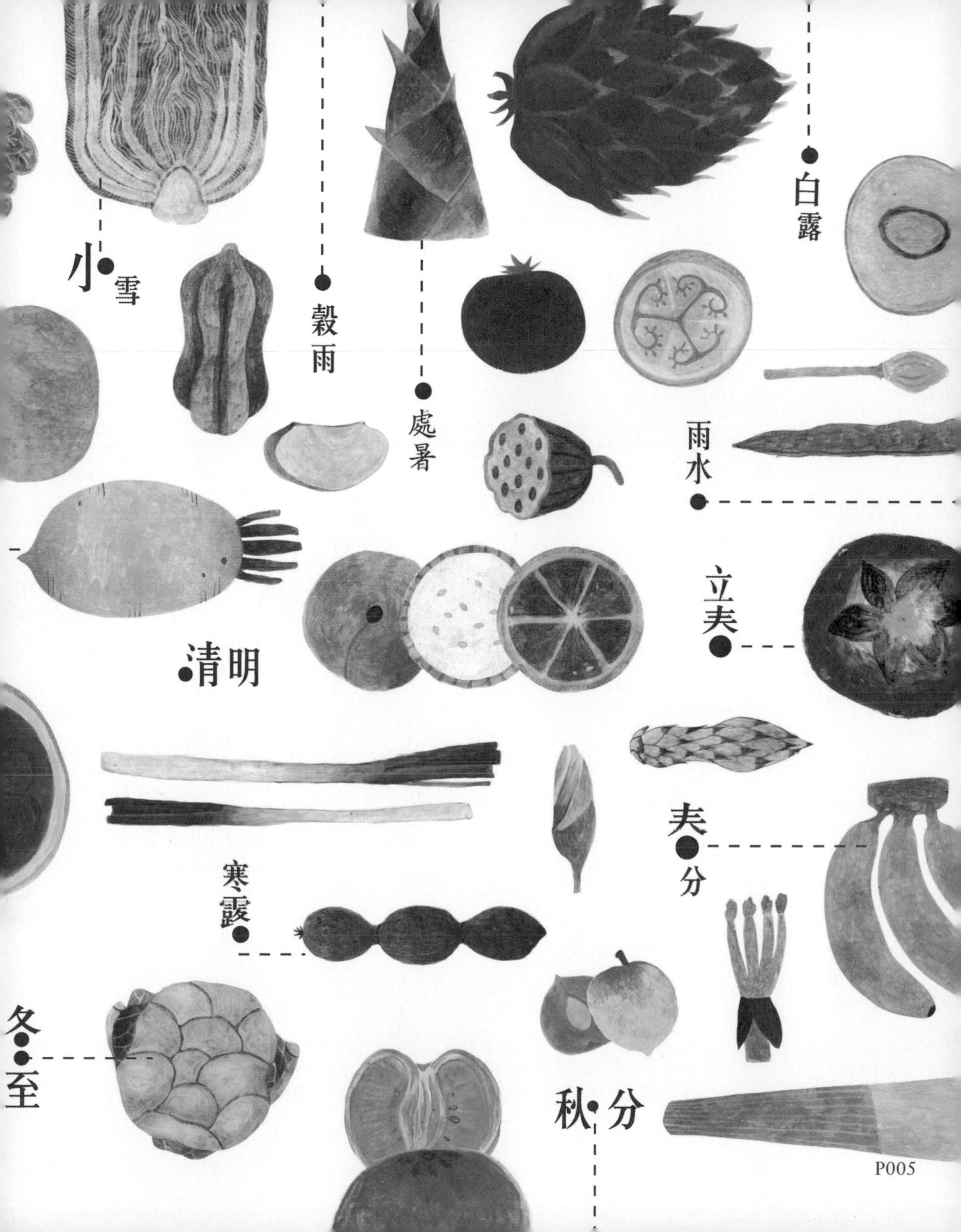
小雪
穀雨
處暑
白露
雨水
立夏
清明
春分
寒露
冬至
秋分

目次

目次

立春

立春綠 日光青

交節日：國曆2/3-5

春天要開始了
雖然寒意還在
像呼一口暖氣，縷縷化作霧靄
為生命催芽
為青翠保鮮
為果實增豔

幸福漿果——草莓

1到100歲，人見人愛的水果。入冬後開始洋溢幸福，花與果一期一期接力著，直到春末。鮮紅欲滴既耀眼又飽滿，襯著繁星般小白花，初春郊遊時機正好。色豔香郁味酸甜，草莓料理可鹹可甜，都是立春出色的滋味。

白與綠的完美銜接—蔥

台灣所產，主要分為蔥（俗稱日蔥，多產於宜蘭地區）及細香蔥（俗名北蔥，主產於雲林地區）。

說蔥莫過宜蘭蘭陽平原三星鄉，水分飽滿、氣味香甜，立春當令三星鄉的日蔥（亦即三星蔥）最具滋味，清湯淡中透甜。生食也甜脆，春日品蔥豈只三星級。

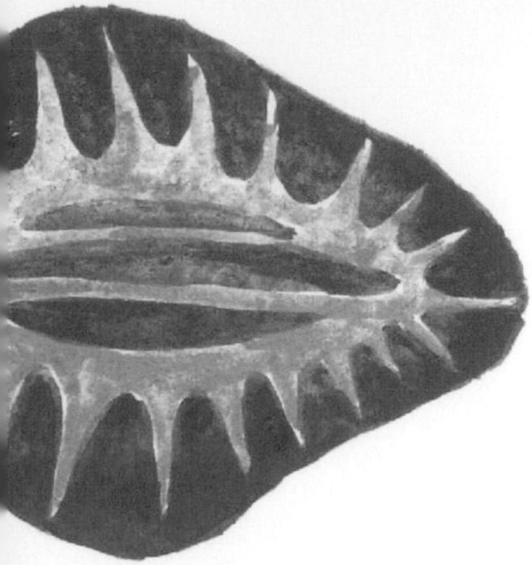
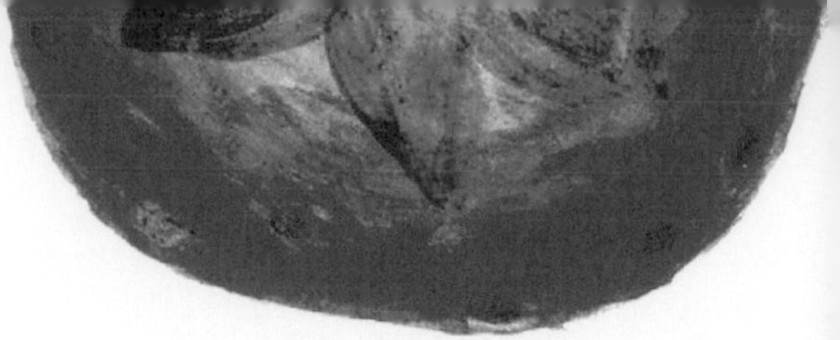

草莓 Strawberry

溫柔的堅強

經典草莓 Classic strawberry　苗栗大湖草莓

好吃產地 Place of Origin　〔苗栗〕大湖、獅潭、公館、卓蘭〔南投〕國姓〔台中〕潭子、后里、石岡〔台南〕

挑果吉日 In Season　12月～4月

草莓 strawberry

溫柔的堅強

沒錯，栽培厚工、嬌嫩、禁不起變動・・・
手溫便足以灼傷
柔弱，卻撐起一片天
在眾果中掄冠
在農業裡建國
在苗栗、在大湖
人人都來朝聖
這柔弱裡的堅強陣容

立春

蔥 Green onions

宜蘭的米其林三星

經典蔥 Classic Green Onions

宜蘭三星蔥

好吃產地 Place of Origin

〔宜蘭〕三星、壯圍〔雲林〕台西、虎尾、土庫、麥寮、元長

〔彰化〕伸港、溪湖、溪州

挑菜吉日 In Season

2月，農諺正月蔥

蔥 Green onions

宜蘭的米其林三星

深蘊在土壤　一節白皙
吸收足夠日照　一節翠綠
白綠之間，是從土地長大的黃金比例
也是陪伴我們長大的味道
俗諺說鍋底有蔥，無肉也香

立春

蔥燒豬肉捲

俗諺，正月蔥
一年中最嫩香時
蔥的盛產
地表的翠綠
引人對玉白的遐想

豬火鍋肉片

蔥

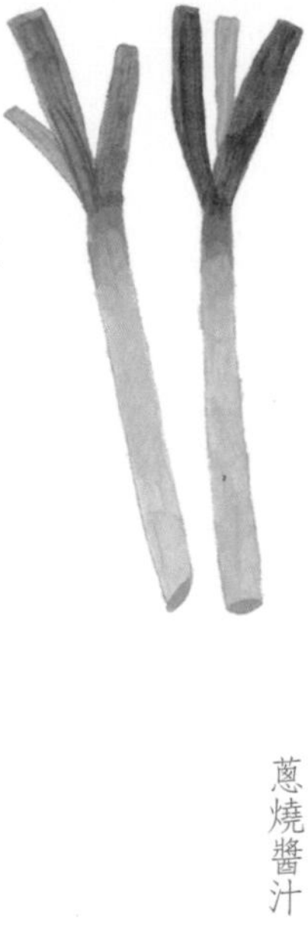

萵苣

甜椒

蔥燒醬汁

- 將火鍋肉片灑上太白粉
- 將肉包覆蔥段捲起來，約捲三條
- 鍋子不放油，將肉煎至肉片轉白
- 翻面煎
- 將調味料混合後倒入，蓋蓋子以小火悶煮至兩面上色，約10分鐘即可
- 取出豬肉捲切成兩段，放至萵苣上再淋上剩餘醬汁
- 最後放上切片甜椒裝飾擺盤即完成

水果片星星—楊桃

楊桃在每年10月後到翌年3月間皆產，花期3次以上，端看果農擇取哪一期為正期。特別在1、2月時，熟成趨緩，酸退甜昇，果肉厚實，色澤較亮深，是最佳的時期。

雨水

雨水清 春生碧

交節日：國曆2/18-20

天　擰出雨揉出水　澤披一地的喜悅
清晨的曙光　映照一整片的嫩綠
皇帝豆的莢裡　有春日的溫柔

豆豆皇帝——萊豆

皇帝豆又稱萊豆，冬天和春天是產季。原產地在南美洲，經由歐洲人的航海探險，而將其介紹到世界各地，台灣是在日本人統治時期引進栽培的，是台灣最普遍、產量最大的豆子，豆粒飽滿風味佳居豆類之冠，因此得了「皇帝豆」封號。萊豆只吃豆仁，並以生鮮居多。

楊桃 Star Fruit

清晨之星

經典楊桃
Classic star Fruit

屏東里港福興楊桃

好吃產地
Place of Origin

〔南投〕國姓〔苗栗〕卓蘭〔彰化〕員林〔台南〕楠西〔雲林〕莿桐

〔屏東〕里港、高樹、鹽埔

挑果吉日
In Season

6月～4月

楊桃 Star Fruit

清晨之星

羞紅帶紫的楊桃花兒，用成群結隊來壯膽
自濃密綠蔭中悄悄探出頭來
終於 隨著清晨曙光漫天灑下
緩緩、不著痕跡地
幼果推落了花
一顆顆飽滿掛在樹梢 搖曳出清清淺淺的光采

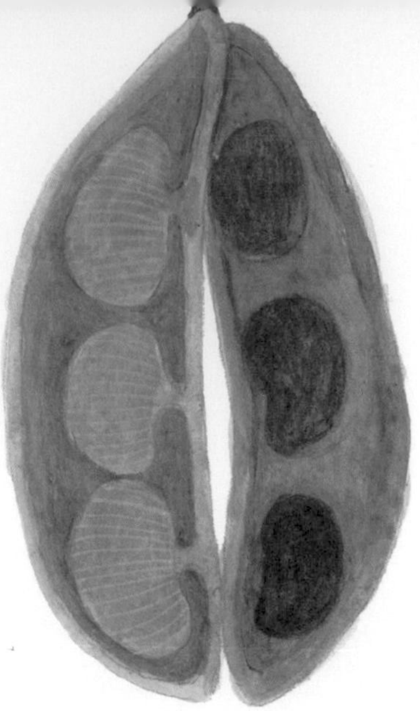

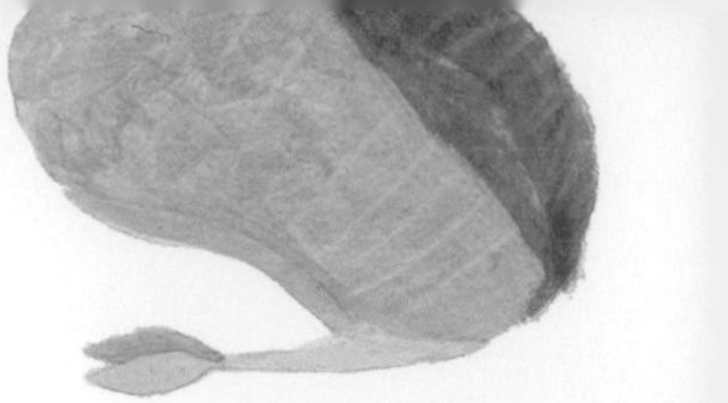

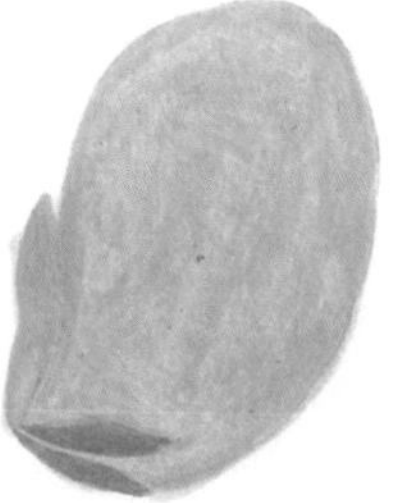

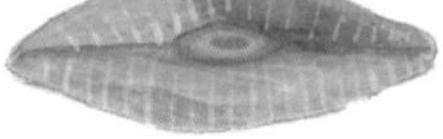

萊豆 Lima Bean

豆子裡的皇帝

經典萊豆 Classic Lima Bean　台南麻豆皇帝豆

好吃產地 Place of Origin　〔台南〕麻豆、善化〔高雄〕大社〔屏東〕九如、鹽埔、高樹〔花蓮〕壽豐

挑菜吉日 In Season　1月～3月

萊豆 LimaBean

豆子裡的皇帝

人人都稱之為皇帝
豆莢裡
以春天的溫柔
醞釀飽滿國土

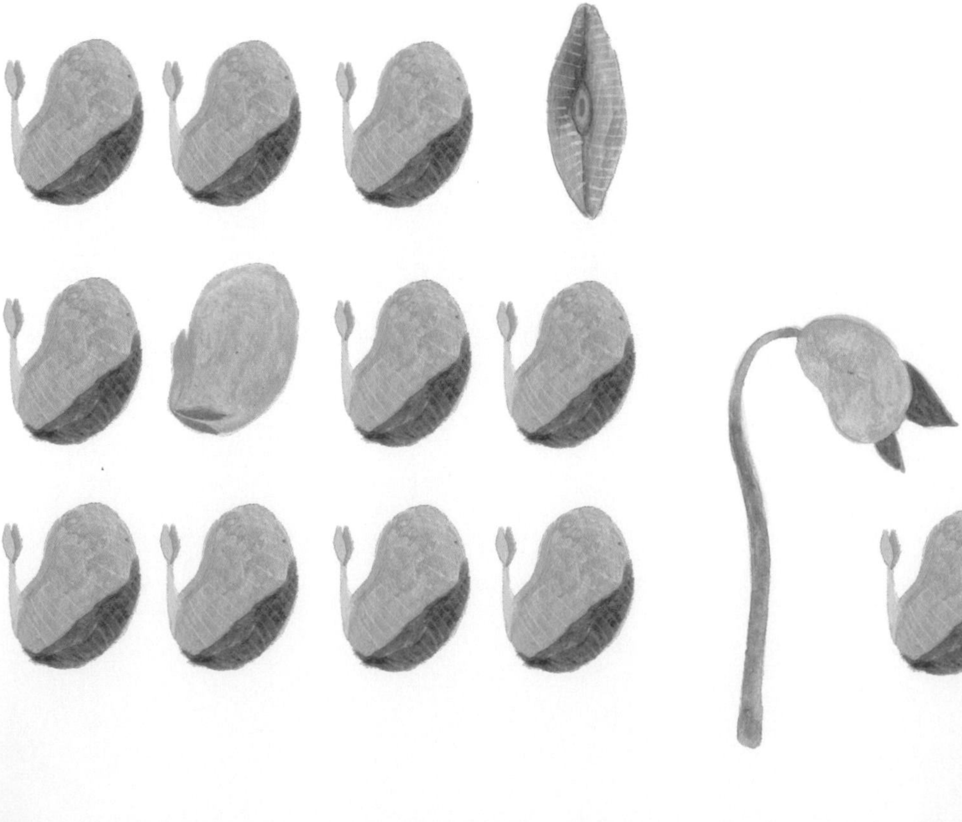

雨水

楊桃果味冷麵

春天後母心
節氣也牽動著心緒
清清果香
飽滿水分、營養
順順浮氣

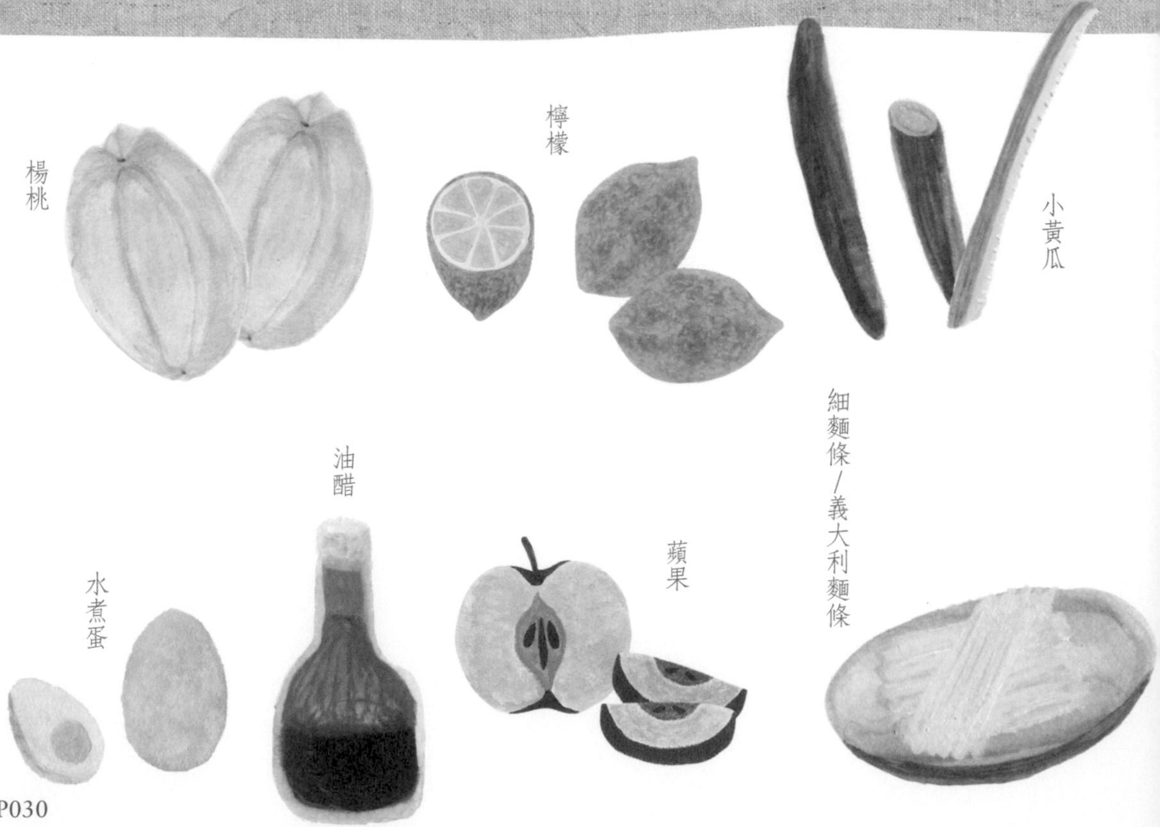

雨水

- 將楊桃、檸檬、蘋果、小黃瓜切成好入口大小
- 水煮蛋煮熟切片備用
- 將麵條丟入鍋中，約5-7分鐘撈起
- 加入切好的楊桃、檸檬、蘋果、小黃瓜及切片水煮蛋，並淋上油醋醬即可食用

珠圓玉潤——枇杷

枇杷，連外形也訴說它的圓與潤，外皮滿覆細茸，讓人即之也溫，不向橙紅靠攏，固守著獨有的春天黃熟。

驚蟄

驚蟄醒 萬物甦

交節日：國曆3/5-7

春雷乍響
大地萬物翻了身、伸伸懶腰
醒來　準備繁盛
信手拈來
都有一股前瞻的力道

韭菜

人說「二月韭」、「韭菜春食則香，夏時則臭」，食其莖葉或花苔，但屬不同品種，前者是葉韭菜、後者為花韭菜；韭葉蔭蔽少了日照，莖葉黃軟則成了韭黃。因與「久」同音，讓常民對韭菜的喜愛也跟著長長久久。

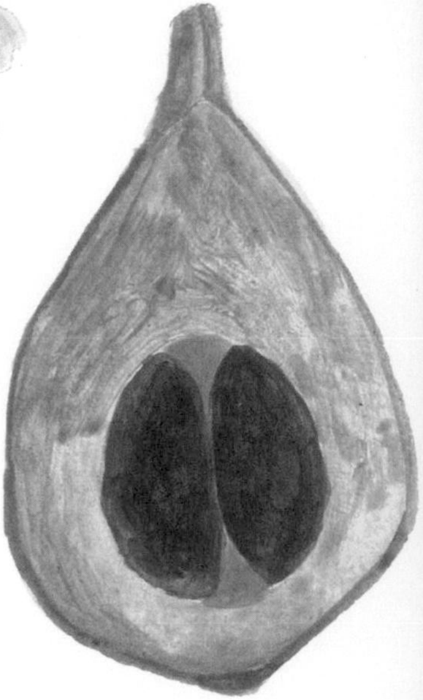

枇杷 Loquat

小喬木的春季獻禮

經典枇杷 Classic Loquat：台中大湖桶枇杷

好吃產地 Place of Origin：〔台中〕太平頭汴坑、新社、和平〔台東〕太麻里〔南投〕國姓

挑果吉日 In Season：3月

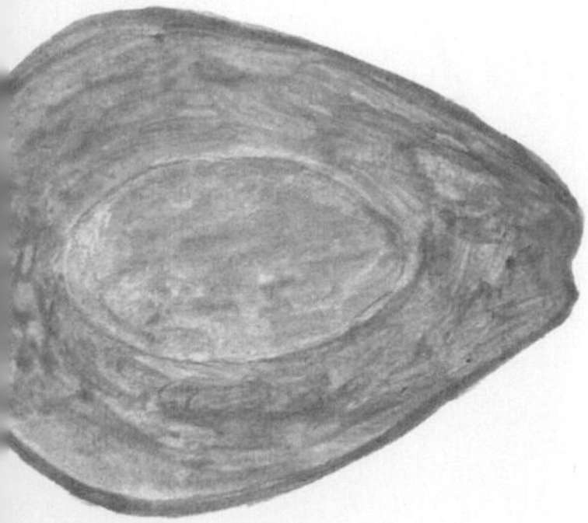

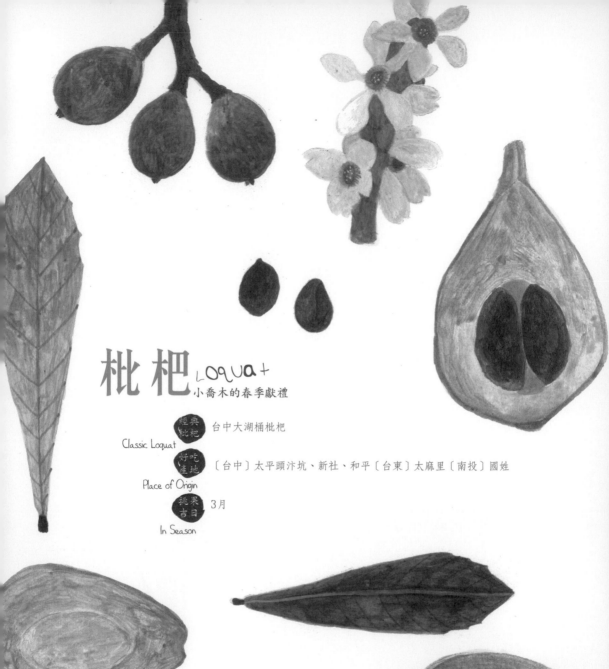

枇杷

Loquat

小喬木的春季獻禮

秋冬開花
春夏黃熟
果木中獨備四時之氣者
完美倒卵形，不只鮮嚐
枇杷膏、枇杷染
很養生也很文藝腔

驚蟄

韭菜 Leeks

夜雨剪春韭

經典韭菜 Classic Leeks

彰化韭菜

好吃產地 Place of Origin

〔彰化〕埤頭、埔鹽、社頭、永靖、溪湖〔花蓮〕吉安〔宜蘭〕員山

〔桃園〕大溪〔新竹〕橫山

挑菜吉日 In Season

2月

驚蟄

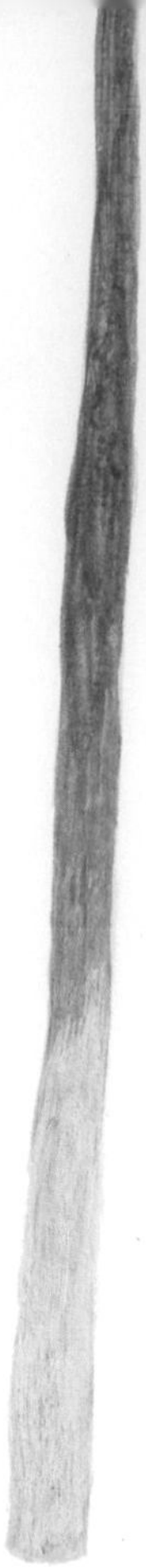
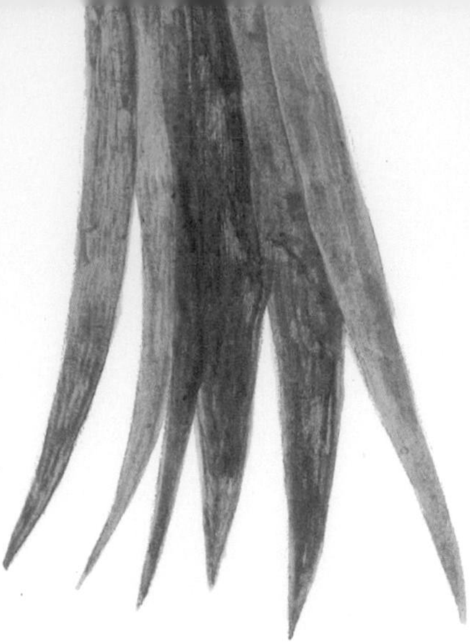
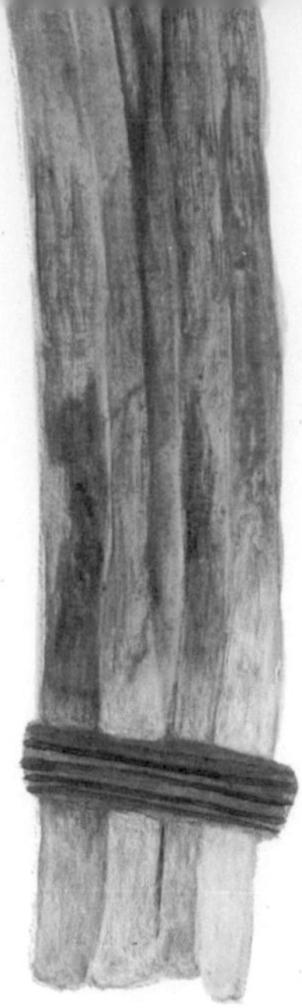
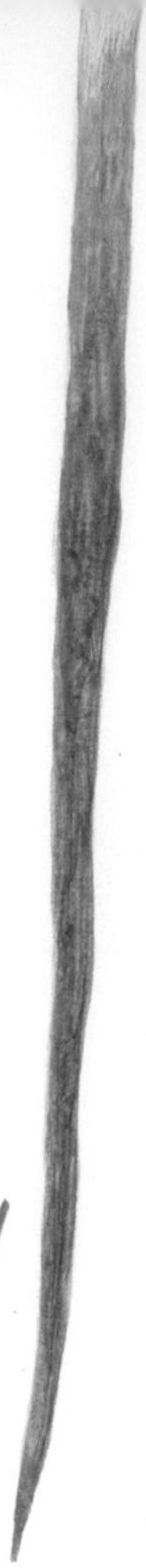

韭菜 Leeks

夜雨剪春韭

韭菜開花心一枝
花正黃時葉正肥
願郎摘花連葉摘
到死心頭不肯離
—梁啟超

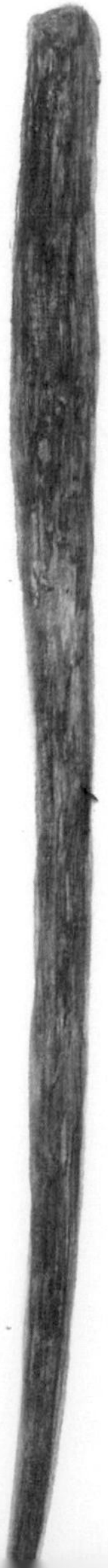
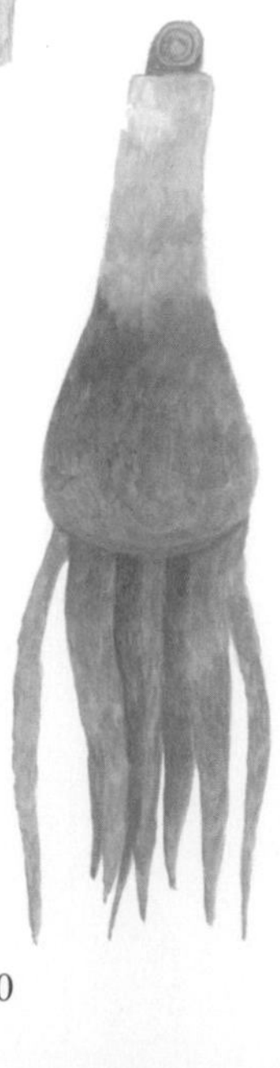
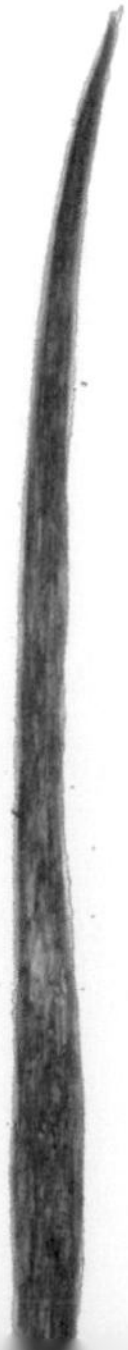
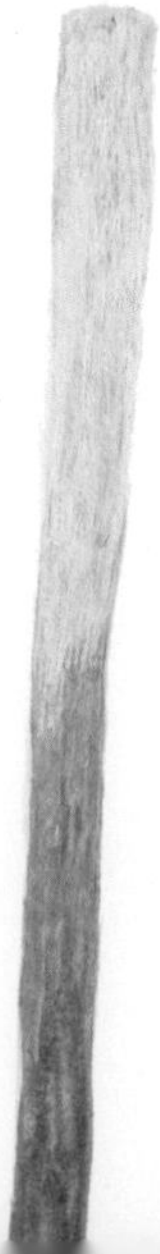
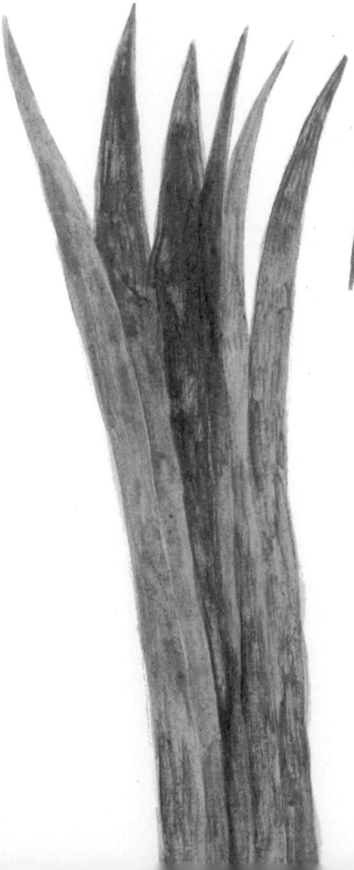

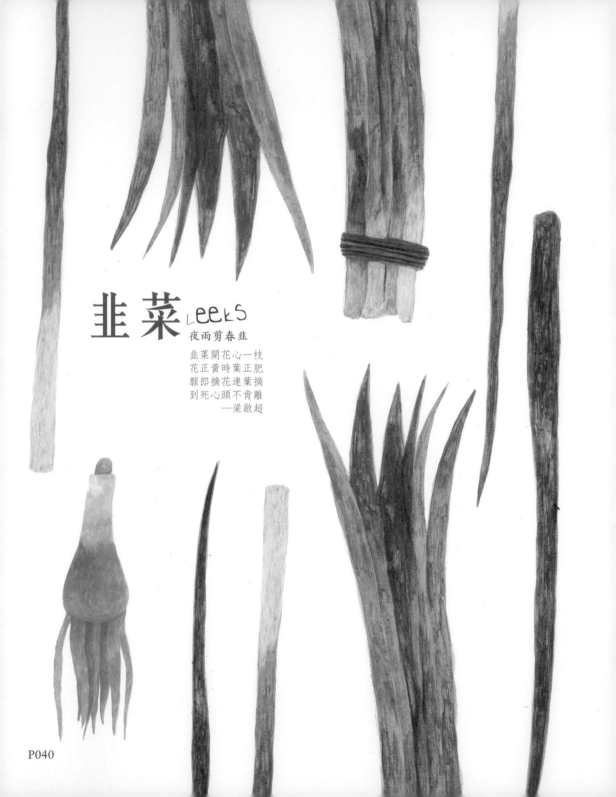

驚蟄

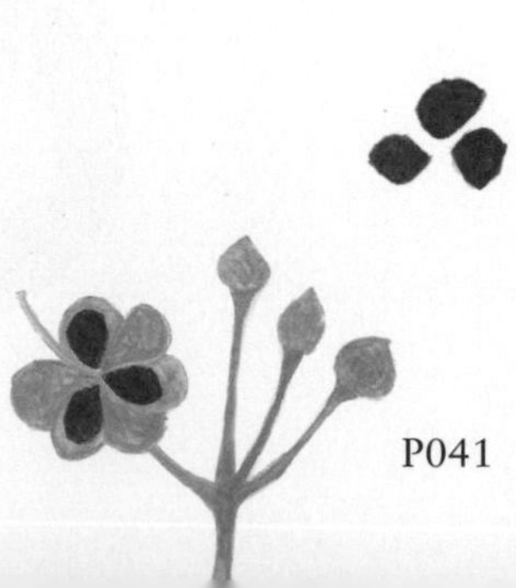

驚蟄

枇杷果銀耳糖水

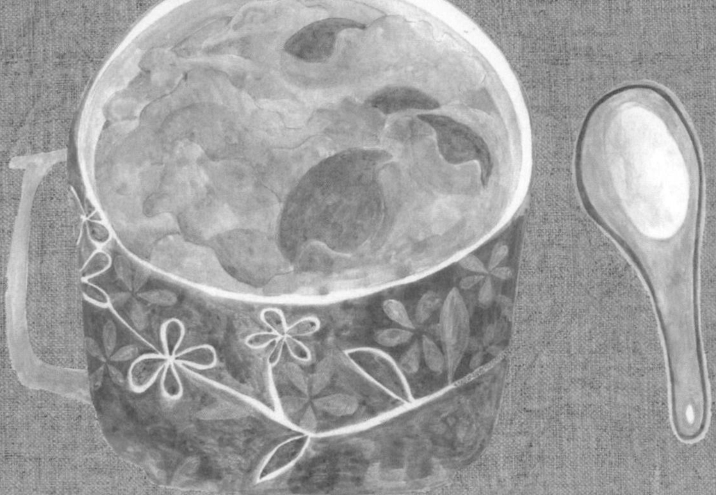

風和日暖，春光好
淡淡三月
一切正始
幸福甜甜

枇杷果

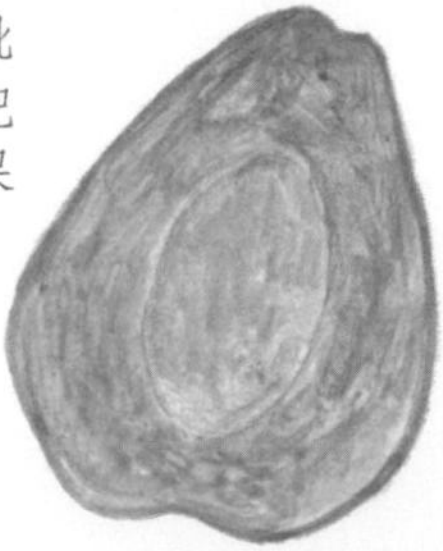

銀耳

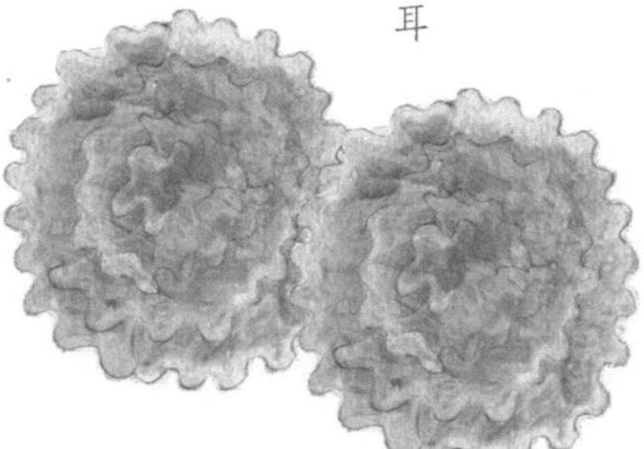

冰糖

水

驚蟄

- 銀耳用水浸軟，洗乾淨去蒂，切小片
- 將銀耳隔水蒸20分鐘
- 枇杷剝皮去籽切成小片
- 煮一鍋水待滾後，放入銀耳
- 水再滾時丟入枇杷果及白糖
- 糖溶化後即可飲用

台灣新樂園—香蕉

是台灣的驕傲，福爾摩沙的新樂園；
春蕉肉質綿密、味道香甜。
台灣香蕉品種多元，除了有北蕉，仙人蕉，台蕉一號、二號、五號、六號，寶島蕉（新北蕉）外；另台灣芭蕉系列也豐富，除了有旦蕉、玫瑰蕉、紅皮蕉外，還有呂宋蕉、南華蕉等。

春分

春分瓣 幸福粉

交節日：國曆 3/20-22

天剛暖　櫻剛開
打開了一半的天與地
一半一半的晝與夜
一瓣春蕉　一瓣箭筍
又嬌又嫩

雨後直直冒—箭筍

虛懷若谷而有節，君子有著自己的生理時鐘，就是這氣候、溫度、溼度，雨後春筍直冒，用最鮮最嫩的姿態，探出土來。陽明山和海岸山脈，此時正豐收，市集一支支春筍成堆擺放，訴說著嚐鮮正當時。

香蕉 Banana

逃不出的手掌心

經典香蕉 Classic Banana

高雄旗山香蕉

好吃產地 Place of Origin

〔嘉義〕中埔〔台南〕南化、左鎮、大內〔高雄〕旗山、美濃、杉林

〔屏東〕長治、高樹、九如

挑果吉日 In Season

全年皆有產，但〔春〕蕉特有滋味

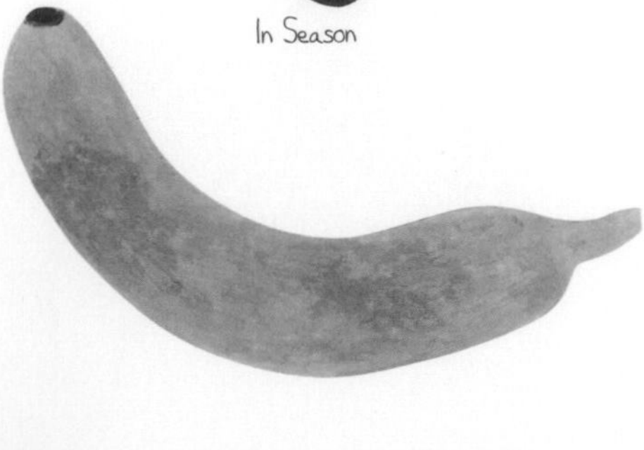

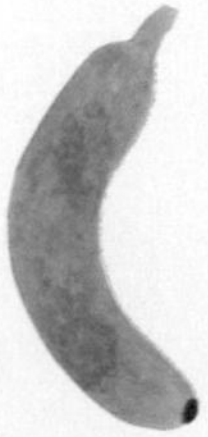

香蕉 Banana

逃不出的手掌心

葉子大得遮天
童玩不可或缺；粿炊也要葉墊
一次花果成就一生，芽生後代再接力
最收斂的水果
濃縮出特有的氣與質
愛吃水果，總逃不出這手掌心

春分

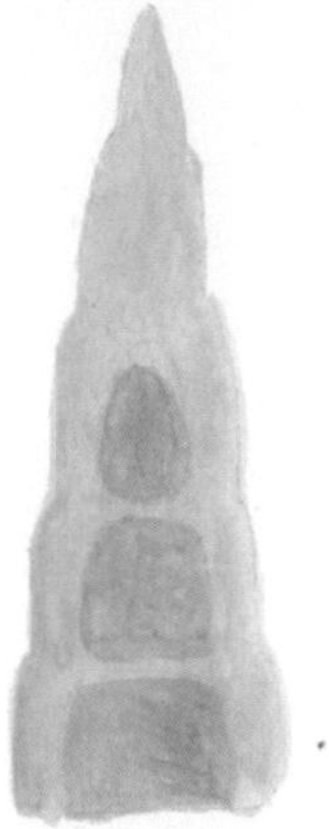

箭筍 Bamboo Shoot

原始的力量

經典箭筍 Classic Bamboo shoot 花蓮光復鄉箭筍

好吃產地 Place of Origin 〔新北市〕石門、平溪、金山、三芝〔花蓮〕萬榮、光復〔南投〕〔嘉義〕

挑菜吉日 In Season 3月下旬~4月下旬

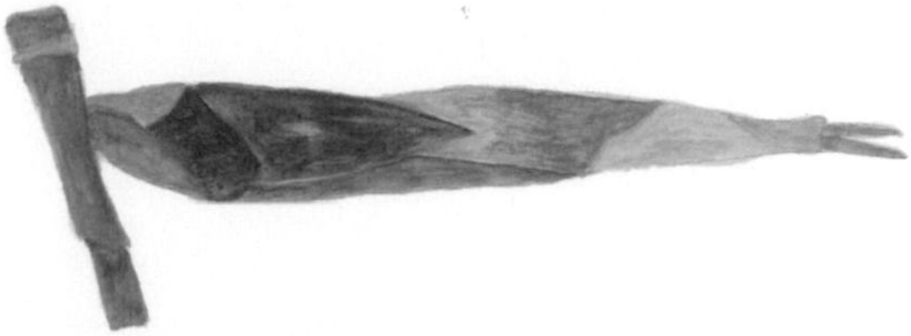

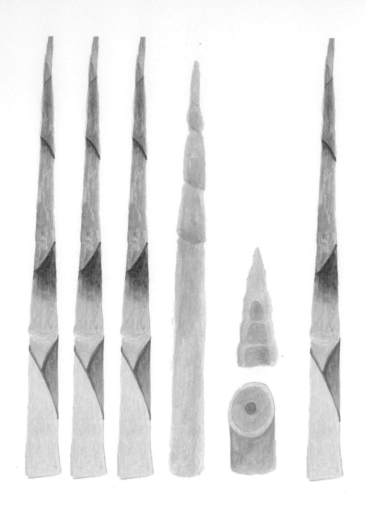

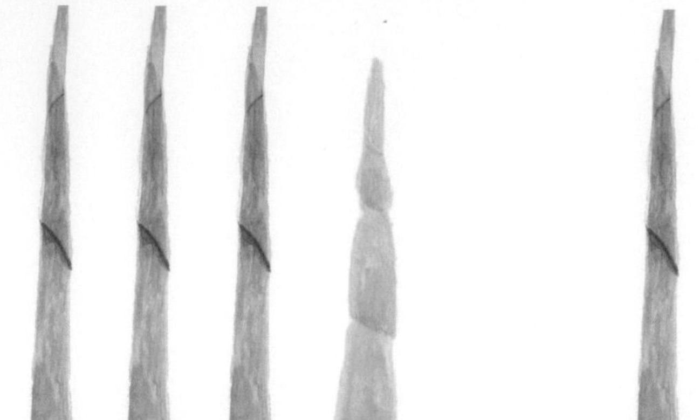

箭筍 Bamboo Shoot

原始的力量

春雨紛飛
採筍人穿梭竹林間
採筍掙的是時間
晚了一時
幼嫩鮮筍，便抽成青竹

曾經揹上箭，狩獵
現在揹回箭，生活

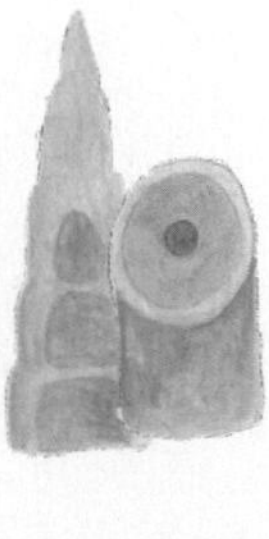

春分

香蕉蔬果捲

咬一口春天的滋味
把所有喜歡的味道
都捲在一起
清清香香
脆脆、甜甜、軟軟

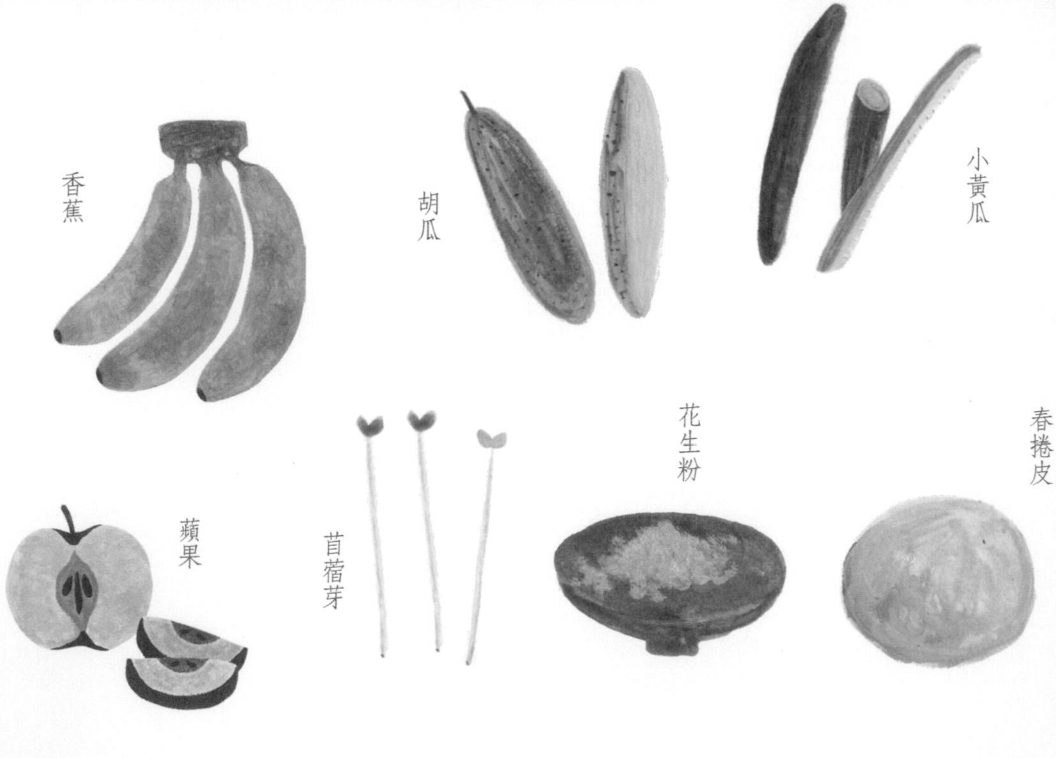

春分

- 將香蕉切成圓圈圈小片、蘋果也切成差不多大小
- 並將胡瓜及小黃瓜蒸熟後，切小小段
- 準備兩張春捲皮，攤開，中間重疊
- 將香蕉、蘋果、胡瓜、小黃瓜、苜蓿芽放入
- 隨意灑上花生粉
- 將食材捲起即可享用

功夫漬—青梅

春天到了飽和，青梅帶來青春味。3月下旬起約一個月產期，通常以清明為分，清明前摘採青梅七分熟，適合漬脆梅，清明後梅子更熟，香氣更濃，漬成了「Q梅」。

清明

清明飄 柳葉新

交節日：國曆4/4-6

天清地明
桃花初綻
春風　燦爛了花　滿得可以飄雨
回首冬梅似雪，仰頭結成青梅
俯瞰溼潤大地
俯拾即是一把鼠麴

包粿草香—鼠麴草

是誰發現這時遍地的鼠麴草，取其嫩葉曬乾揉碎煮後，拌入粿粉中，炊成草仔粿，應了清明祭祖的景，於是鼠麴草又名「清明草」，讓米粿裡嚐出特有的草香。

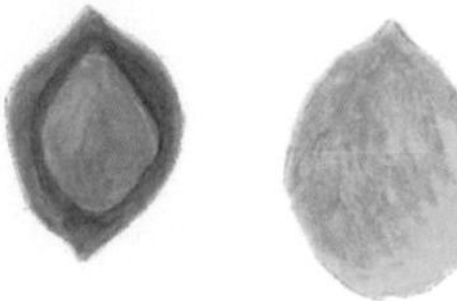

青梅 PLUM
禮梅樹

經典梅子 Classic Plum：南投信義梅子

好吃產地 Place of Origin：〔南投〕信義、水里〔高雄〕寶來、竹林、六龜〔台東〕東河〔台南〕楠西

挑果吉日 In Season：4月～5月

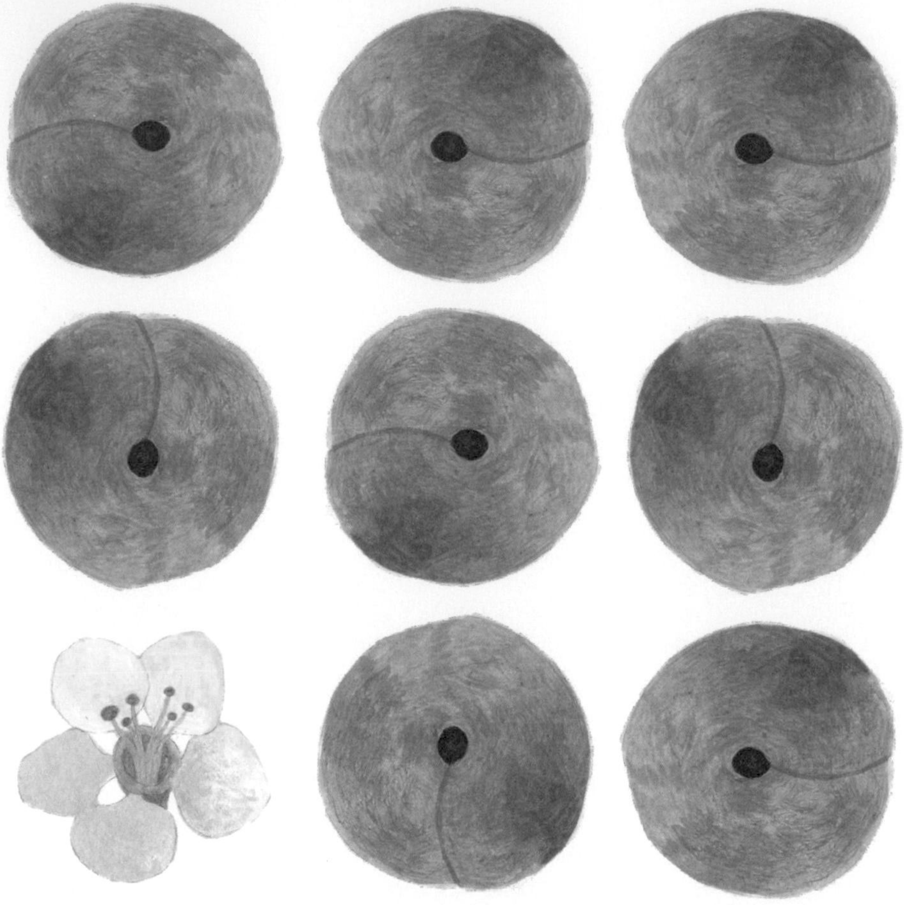

青梅 Plum

禮梅樹

從小到大
生活裡一直有它
每逢清明後
總是期待那打下的梅子
透過阿婆魔法般的手技
醃製成一顆顆
嚐不膩的酸甘甜滋味

清明

鼠麴草 Cudweed

母親的包裹

經典鼠麴草 自採自製最經典

Classic Cudweed

好吃產地 台灣山野間

Place of Origin

挑菜吉日 3月～4月

In Season

鼠麴草

cudweed

母親的包裹

春季，田野間、牆角下處處有它乘勢茂密
母親巧手揉著，揉進了節氣生活裡
鼠麴草粿，味覺成了生命記憶
時候到了
這味道
就會提醒孩子
歸鄉、回家

清明

手工
鼠麴草粿

雨淋墓頭紙
日曝穀田雨

過年菜頭粿
清明草仔粿
家家都有媽媽在這季節的味道

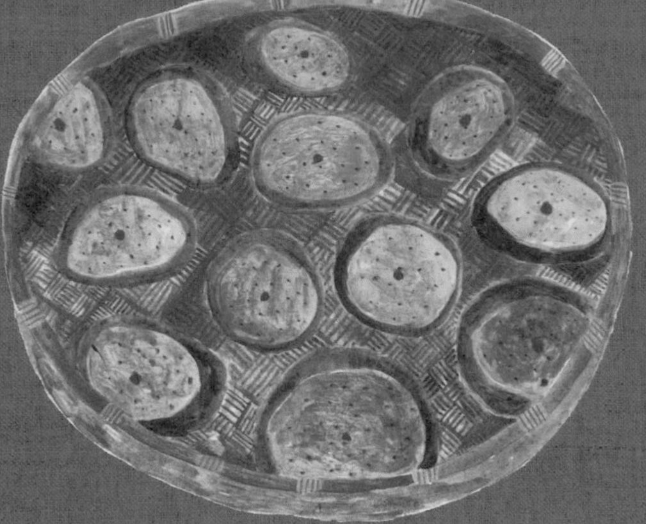

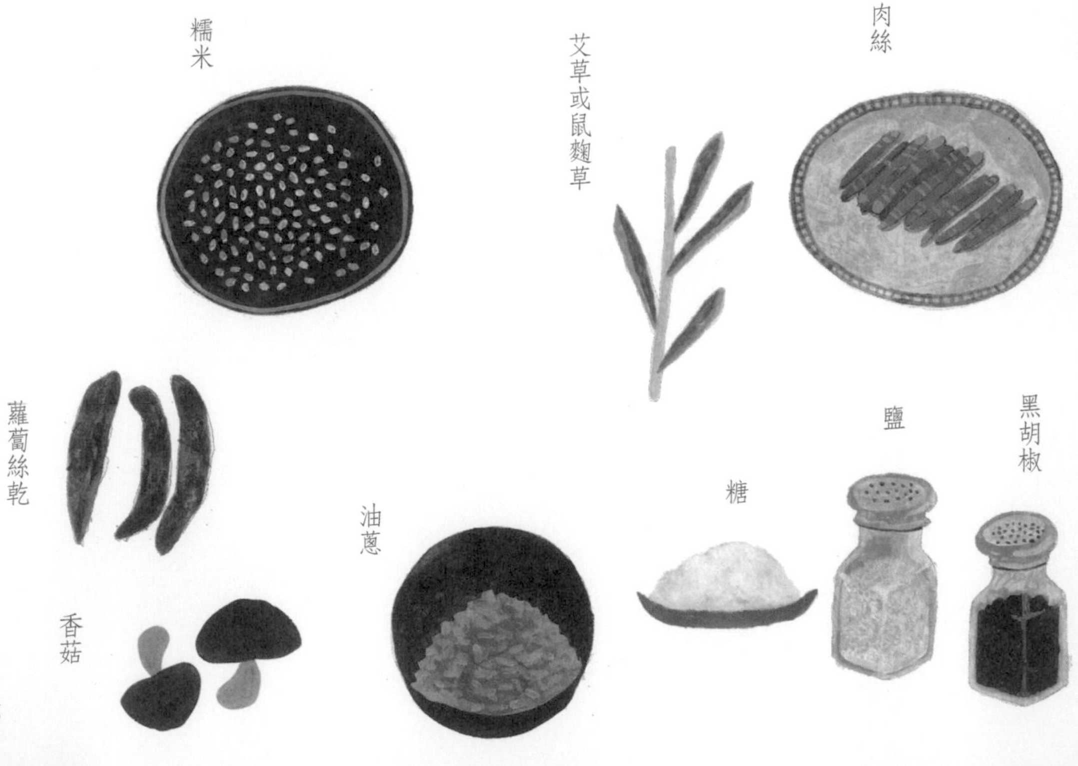

外皮

- 糯米粉與水混合，製成粉漿塊備用
- 鼠麴草洗淨，切碎與糖放入鍋中，煮至糖溶化，趁熱倒入粉漿塊中，加入一點油揉成麵糰

餡

- 蘿蔔乾泡軟，擠去水分
- 炒鍋入沙拉油，燒熱，放入肉絲、蘿蔔乾絲、香菇炒香，加入鹽、糖、味精、胡椒粉炒勻即可盛起，待冷備用

草仔

- 草仔糯米糰分成每個約100克，壓扁餡放中間，包緊，再以手掌壓扁，放在紅龜粿模，壓成龜形的粿。亦可用手掌稍微壓扁塑型後直接放在塗油的粿葉上
- 移置蒸籠內，以小火蒸熟

穀雨

穀雨豆 淋墨綠

交節日：國曆4/19-21

桑樹　茶葉　浮萍　魚和蝦
原來都是　春天的心跳

蔬果兩棲——番茄

說蔬是果，說果是蔬，果蔬兩棲，讓番茄地位不墜。黑柿番茄是台灣最早種植的品種，晚近多元了起來，形形色色目不暇給；大如牛番茄，小的如聖女，生食、入菜兩相宜，水果可以沾醬油吃，也只有番茄。

穀雨吃莧菜

「雨水生百穀」，穀雨正是莧菜盛產季節，耐熱易種的莧菜，20天就可收成，應付一整個夏天有餘。艱苦的年代，莧菜是餐桌伴侶，加個小魚乾，滿滿一大碗的飽足。野地裡也處處有野莧菜，人稱假莧菜；白刺莧、紅刺莧，是菜也當藥。

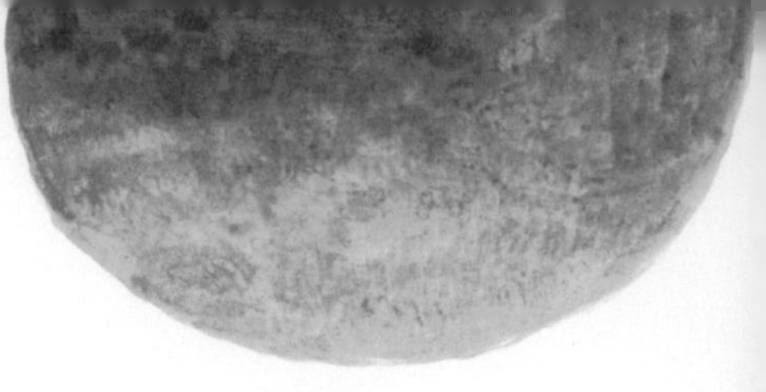

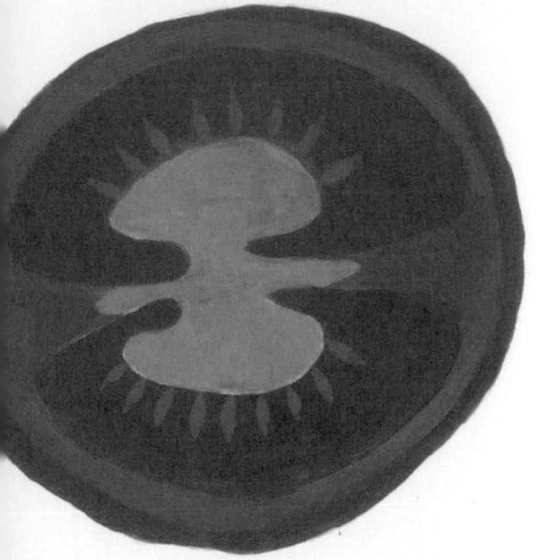

番茄 Tomato

愛情的蘋果

經典番茄 Classic Tomato

高雄路竹番茄

好吃產地 Place of Origin

〔嘉義〕民雄、溪口、水上、六腳、太保、朴子〔台南〕學甲、佳里、永康、安南〔高雄〕阿蓮、路竹〔雲林〕〔南投〕〔屏東〕〔宜蘭〕〔花蓮〕〔新竹〕

挑果吉日 In Season

3月～4月

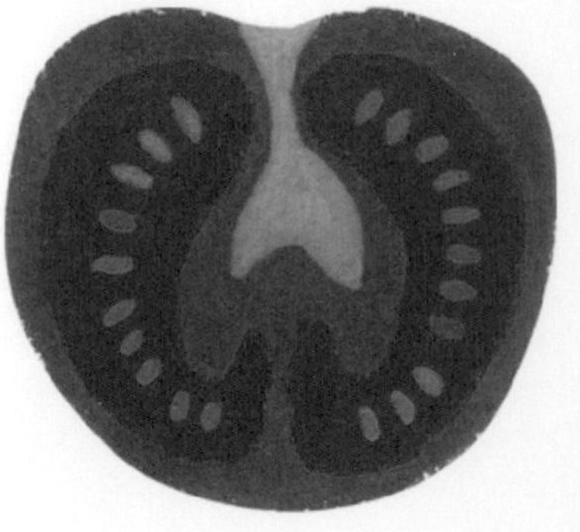

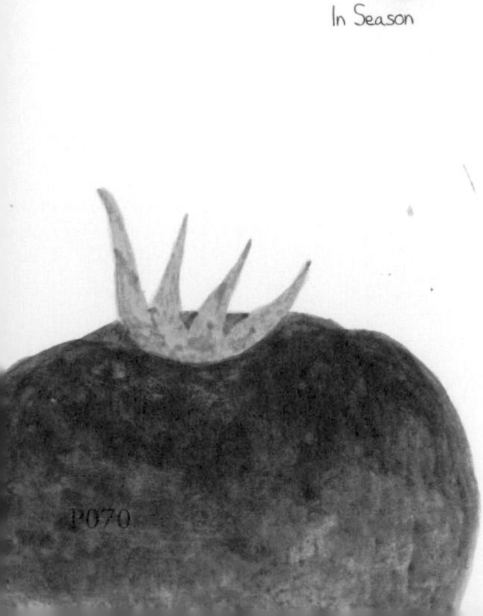

番茄 Tomato

愛情的蘋果

鹹 酸 甜
柑仔蜜和人很親近
鮮豔的外表，總是熱情
有人稱它—愛情蘋果

莧菜 Amaranth

老天給的禮物

經典莧菜 Classic Amaranth
雲林二崙鄉莧菜

好吃產地 Place of Origin
〔屏東〕〔嘉義〕〔台北〕板橋、蘆洲〔台中〕田尾〔雲林〕西螺、二崙、新港〔高雄〕路竹

挑菜吉日 In Season
4月，俗諺三月莧

莧菜 Amaranth

老天給的禮物

各類莧菜的共同特點
具備生命的韌性與力量
耐熱耐瘠的堅毅個性
讓它們都能在四方不同的土地
落地生根
滋養我們

穀雨

莧菜香炒吻仔魚

雨前濛濛中部雨
雨後濛濛終不晴
雨季，最適合窩在家
和廚房培養感情

莧菜1把

蒜頭2粒

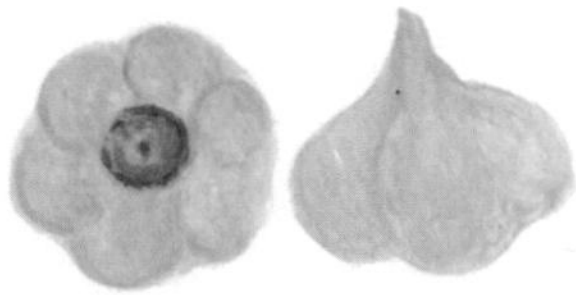

吻仔魚半碗

- 用一湯匙油、開中火，先將蒜末爆香
- 放吻仔魚，翻炒一下，炒到半透明狀
- 放莧菜下去翻炒，加一點點水(約20c.c.)
- 約2分鐘後，加一點點鹽巴調味即可盛盤

春漁獲

1.

臺灣鯛

是吳郭魚的優化
悠游於淡鹹之中
季節雖不明顯
台灣是其原生家
天生的強大適應力和抵抗力
爭氣地　成為了台灣之光

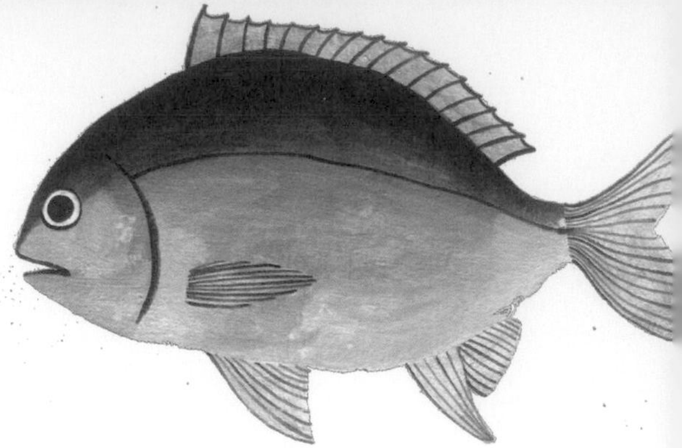

2.

飛魚

為了逃避掠食
生就了滑翔絕技
群起挑動波瀾海面
揚起如翅的鰭　離開水面
是為了短暫的喘息
海面上那一雙雙的跳動
看似美麗卻驚險萬分

3.

金線魚

5~6月是繁殖的季節
成群結隊的金色大軍
浩浩蕩蕩由泥沙底質的大陸棚出沒
海上的大家族
彼此親暱的悠遊
什麼都不畏懼

4.

鰹魚

正鰹有人喚牠煙仔虎
亦是柴魚的材料
有個虎字　便不容小覷
追殺小魚(尤其是苦蚵仔)何其兇猛
其兇猛卻不敵海豚
遇見大批海豚
常常潰不成軍

5. 鯖魚

一體成型般，牠們泳速飛快
最高可超過時速一百公里
如草原上的獵豹
也有個美麗詩意的名字「花飛」
親近一點又可喚牠「青花魚」、「花鰱」、「花輝」
是常民實惠的好魚
當全身裹鹽最好味

6. 黑鯧

喜愛跟著溫暖潮流遊走
與人相同
冬天往深處鑽　以海護體
春天往淺岸游　產卵繁衍
雖體小卻總是陣容龐大
於台灣四周出沒

7. 鬼頭刀

螳螂捕蟬黃雀在後
海裡　也在上演
前有鯖魚、飛魚
身後也有敵人
如武俠情節般
跳出水面　俐落捕食

8. 黃魚

在馬祖最有名氣
不愛炙熱陽光
多害羞在底層游動
當光線微弱之時才肯現形
繁殖時會以鰾來發聲
唱出一首首海中的旋律

9. 黑鮪魚

民間稱為「黑金」
瞬間游速高達時速一百六十公里
爆發力使體內密佈的微血管變成紅肉
所以血液含鐵　魚肉含DHA
肚子　是生魚片中的極品　媲美冰淇淋入口即化
背部　是台灣松板，乾煎後，口感有如松板牛肉
下巴適合香烤
魚頭用來燉湯或清蒸
一身都是可口美味

立夏

立夏得穗 遍地映藍

交節日：國曆5/5-7

時速一公分、兩公斤、三個拳頭身
不論什麼　都在認真　長大
粉嫩成長或是翠綠茁壯
皆是動人的擴大

MOMO將—水蜜桃

桃與5月中間好像連著等號，「5月桃」朗朗上口。立夏起，氣溫日漸上升，桃分酸、甜，酸桃是醃漬的好味；甜桃是生津的甜蜜。水蜜桃採收期，咬下一口汁液豐盈飽滿，台灣的水蜜桃台農一號（春蜜）、台農二號（夏蜜），個頭小了些，但甜美洋溢。

安賜百樂—蘆筍

蘆筍好似專應夏季清熱降火而生的蔬菜，是蔬菜中的貴族。還沒冒出土來的是白蘆筍，接受了陽光洗禮變成綠蘆筍；罐裝飲料還不盛行的時代，蘆筍汁是與汽水、沙士同等地位的飲品鼻祖。

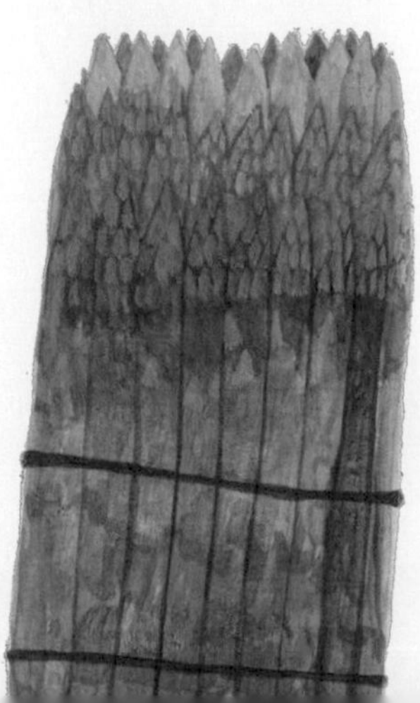

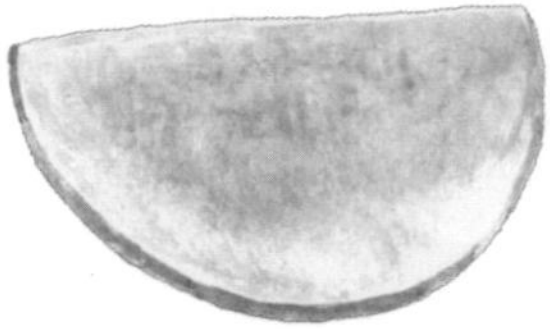

水蜜桃 Peaches

夏天的嬌客

經典水蜜桃 Classic Peaches：桃園拉拉山水蜜桃

好吃產地 Place of Origin：〔桃園〕復興〔台中〕和平〔南投〕仁愛〔新竹〕五峰

挑果吉日 In Season：5月~6月

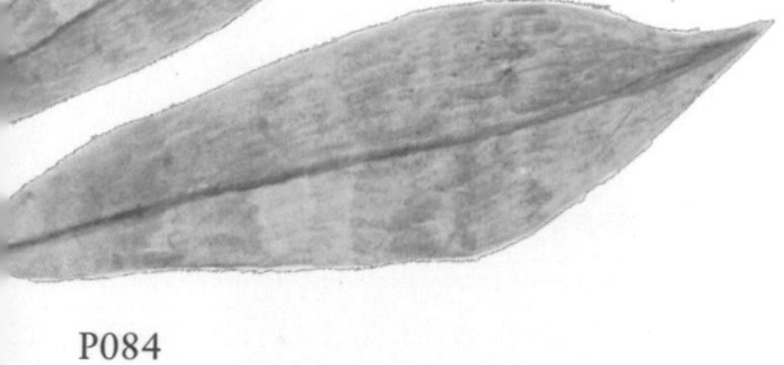

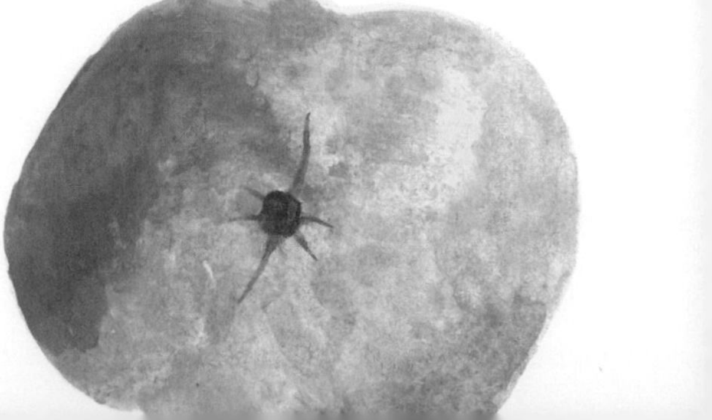

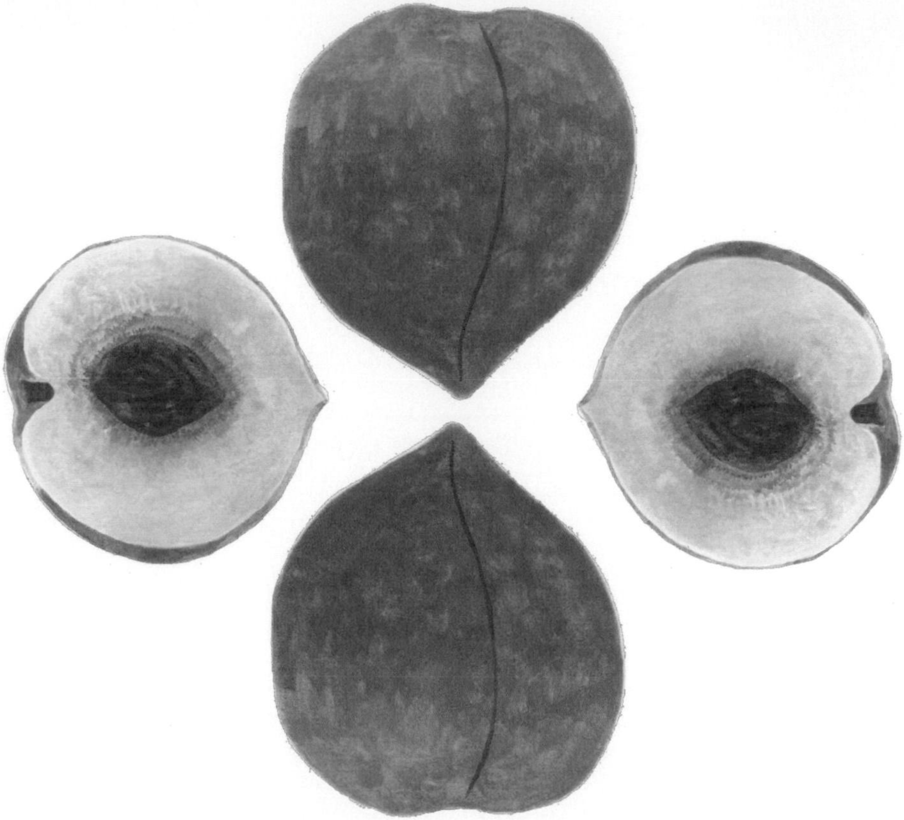

水蜜桃 Peaches

夏天的嬌客

蜜桃成熟時
意味著炎炎夏日的到來
攀升的溫度好似烘托它的香氣
水分飽滿
甜美多汁
是夏天的預告

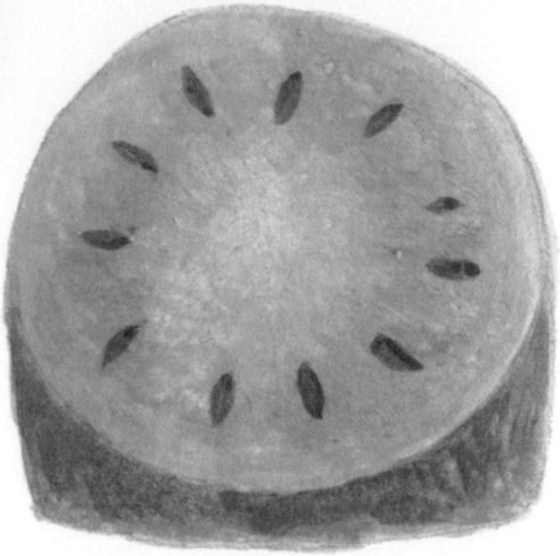

蘆筍 Asparagus

出頭與不出頭

經典蘆筍 Classic Asparagus　台南安定蘆筍

好吃產地 Place of Origin　〔台中〕〔彰化〕〔嘉義〕〔台南〕安定〔屏東〕

挑菜吉日 In Season　3月～11月

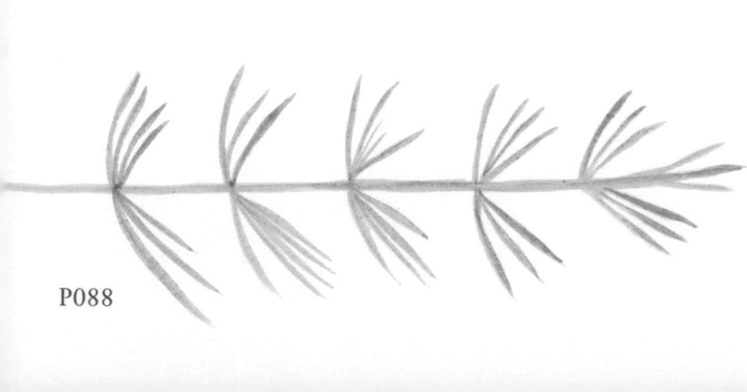
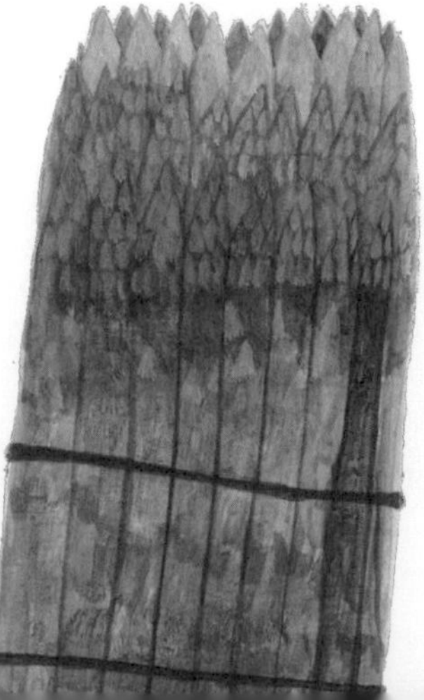

蘆筍 Asparagus

出頭與不出頭

埋藏在土裡
害羞的是白蘆筍
喜歡出來和太陽打招呼的
是熱情的綠蘆筍

不變的是
都能為人帶來清靜

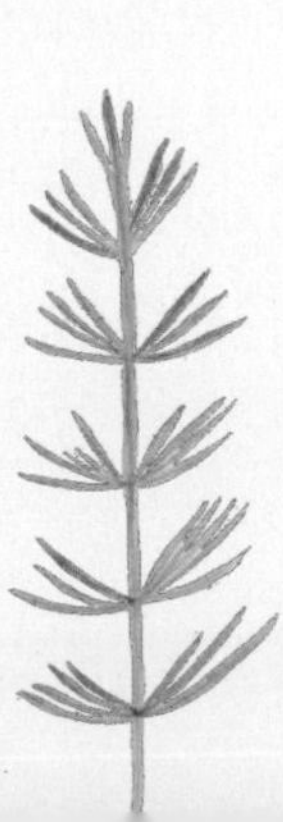

立夏

蘆筍

夏甲子雨，搖船入市
蘆筍根根，齒頰留香

雞蛋

蘆筍數小根

火腿腸

立夏

- 將雞蛋打成蛋液，加入鹽
- 火腿切成4長條
- 蘆筍切和火腿等長，汆燙後備用
- 平底鍋加油燒熱，先倒入1/2蛋液，趁蛋尚未凝固前，穿插間隔排列加入火腿和蘆筍
- 將剩下的蛋液倒入，蓋上鍋蓋以小火悶至半熟，再翻面煎至金黃
- 將食材捲起即可享用

小滿

小得盈滿 日黃熟

交節日：國曆 5/20-22

梅雨乍到
稻穗乳熟　小得盈滿
結實與飽滿帶來欣喜
一期稻作結穗
果粒懸垂
荔枝開始接力

現代貴妃—荔枝

小滿時節，荔枝也結實纍纍。依著果實成熟期接力登場，先來玉荷苞、再來黑葉，繼而糯米滋、桂味，從5月一路紅到7、8月，各擅其場，在甜度、香氣、肉質、籽核上努力得分。

平凡中的真章——蕹菜

蕹菜名又叫空心菜、應菜；耐熱又耐濕的空心菜，夏季小滿給了它最愛的氣候，目前全年均能生產，春、秋、夏三季為盛產期。「水蕹菜」梗粗而葉稀，南投縣名間鄉新街負盛名，宜蘭礁溪也用溫泉栽產「水蕹菜」。

荔枝 LitChi

濃郁日光

經典荔枝 Classic Litchi：高雄大樹玉荷包荔枝、大樹黑葉荔枝

好吃產地 Place of Origin：〔台南〕南化、楠西〔高雄〕大樹、旗山〔屏東〕內埔、恆春〔彰化〕〔南投〕〔台中〕

挑果吉日 In Season：5月～6月

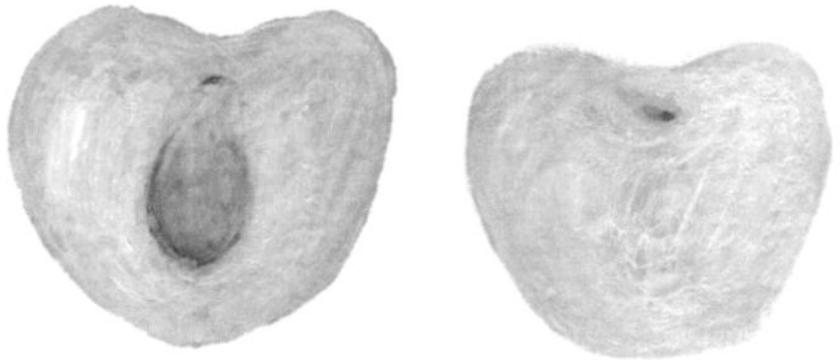

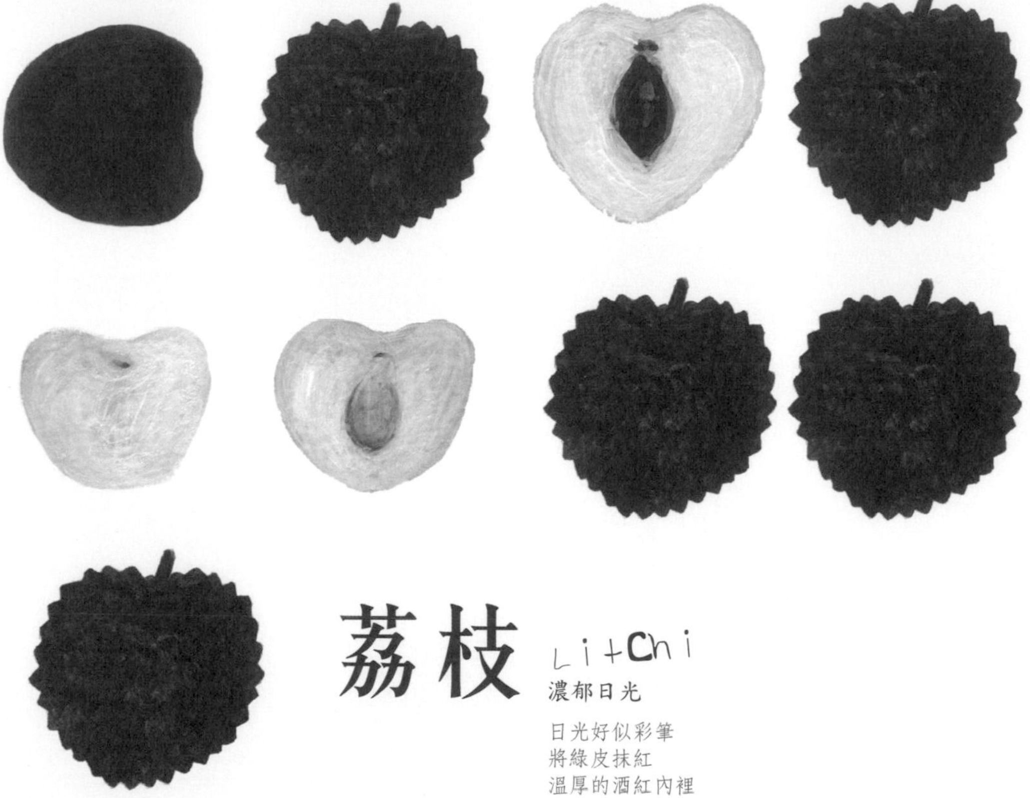

荔枝 LitChi

濃郁日光

日光好似彩筆
將綠皮抹紅
溫厚的酒紅內裡
是如脂白玉的果肉　再裹著革質光亮滑種籽
成串火紅，一路從南台灣延燒到中部

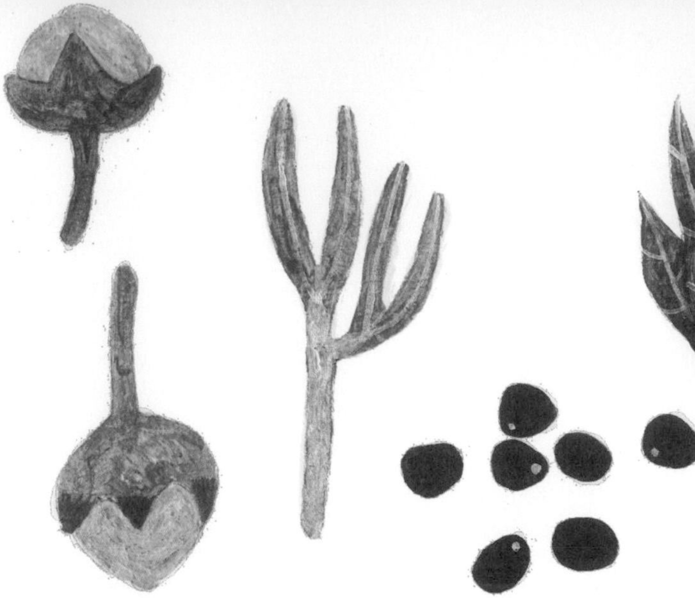

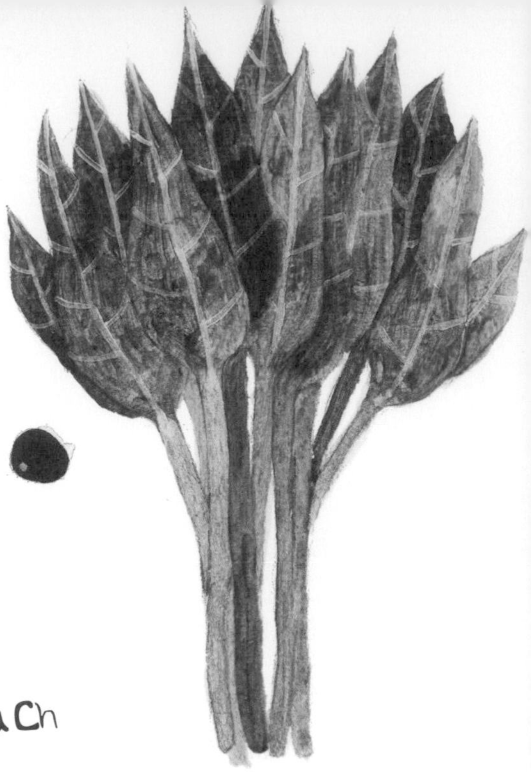

蕹菜 Waterspinach

空心哲學

經典蕹菜 南投名間水蕹菜

Classic Water spinach

好吃產地 〔彰化〕〔南投〕埔里、竹山、名間〔雲林〕〔屏東〕〔嘉義〕新港

Place of Origin

挑菜吉日 4月~5月份生長的蕹菜最為甜脆，大量盛產所以價格又親民又便宜。

In Season

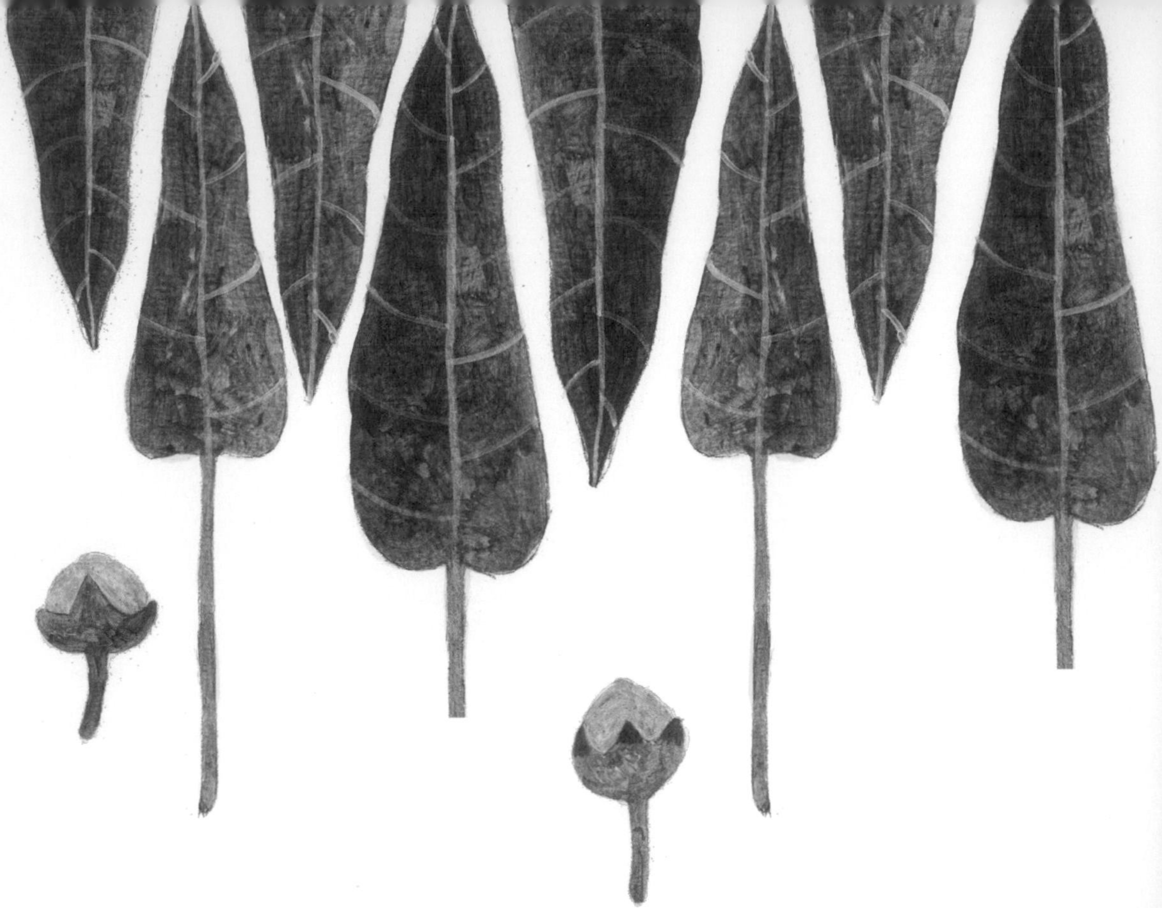

蕹菜 Waterspinach

空心哲學

耐澇與炎熱
生命力強，自生一片
空心虛懷
不多要求
常民、平凡，反倒長久

小滿

小滿

熱帶水果優格盅

氣候逐漸炎熱
可多食清爽無負擔的食材
一盅清涼水果，滿滿熱帶風情
齒頰留香，津津有味

小滿

- 取一小盅碗
- 將荔枝、火龍果、鳳梨、番石榴或剝或切成好入口大小，放至最底
- 依序撒上葡萄乾、堅果
- 最後淋上蜂蜜及原味無糖優格即完成

芒種

芒種端陽 夏日揭

交節日：國曆6/5-7

好果好實　永遠都在啟蒙
百花花期皆過
蝶兒討無食
芒種過後芒果盛產
果實處處

芒果

「芒種」時節也是農作物種植時間的分界點。到了這個時節，梅雨季節就要結束了，天氣也會越來越熱，便有「芒種夏至，樣仔（芒果）落蒂」俗諺，意即台灣南部的熱帶水果—芒果會在芒種時節後採收上市，從小小的土芒果，到產量最大的愛文，個頭大到如凱特、金煌。

豇豆

豇豆是台灣夏季重要的蔬菜之一，也就是菜豆、長豆，性喜高溫多濕的氣候，中南部栽培較廣，春夏季是盛產期。市面上常見出售的品種有白皮紅仁、青皮黑仁、白皮花仁等三種。

芒果 Mango

南國太陽

經典芒果 Classic Mango
台南玉井愛文芒果、高雄六龜金煌芒果、屏東鹽埔與三地門的土芒果

好吃產地 Place of Origin
〔台南〕玉井、南化、楠西〔高雄〕六龜〔屏東〕枋山、獅子、枋寮、鹽埔、三地門

挑果吉日 In Season
6月～7月

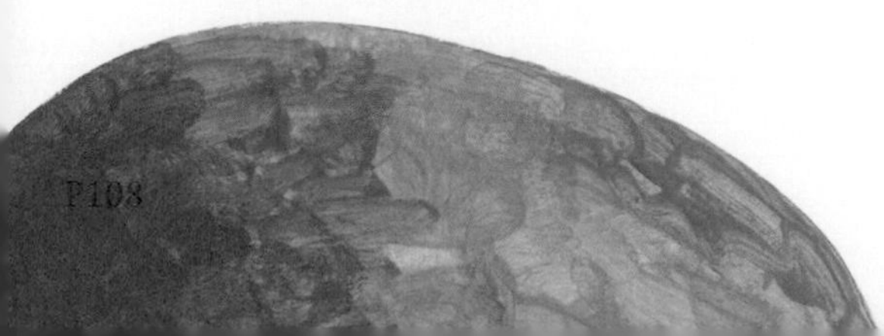

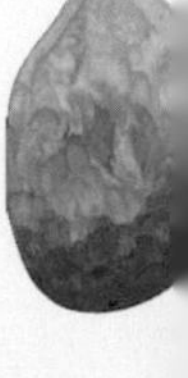

芒果 Mango

南國太陽

春初細細碎碎的花開
豔陽高懸
拉開炎炎夏日的序幕
緊接著
凝聚陽光的熱度　濃縮日光的亮彩
讓一個個飽滿的小太陽繼續發光發熱

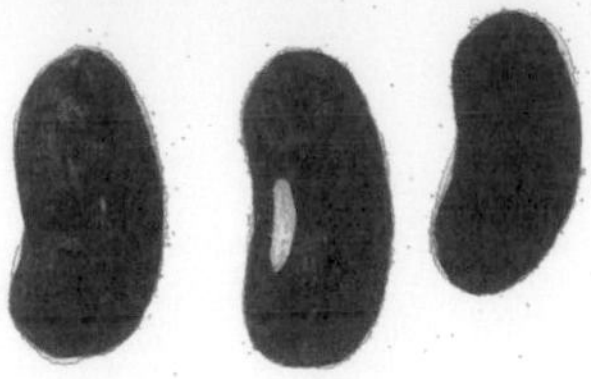

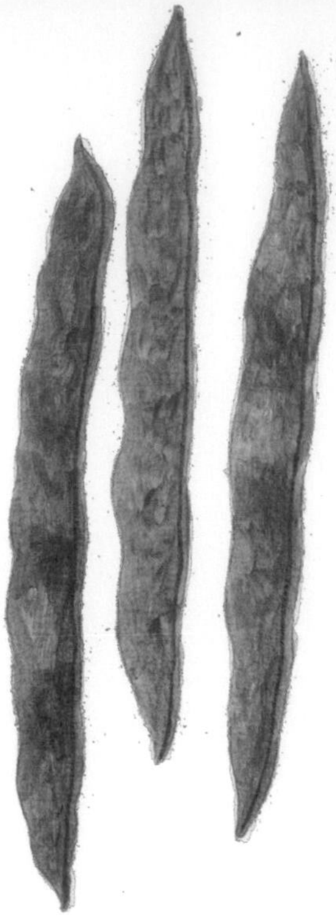

豇豆 cowpea

帶來祝福的豆子

經典豇豆 Classic Cowpea：屏東豇豆

好吃產地 Place of Orgin：〔高雄〕〔屏東〕〔彰化〕〔雲林〕〔南投〕

挑菜吉日 In Season：6月~7月

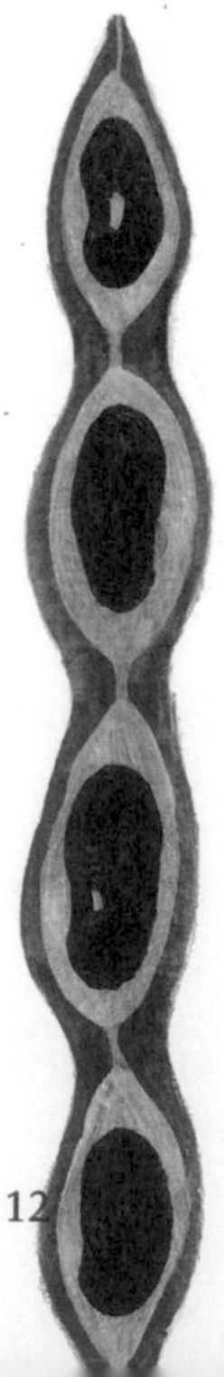

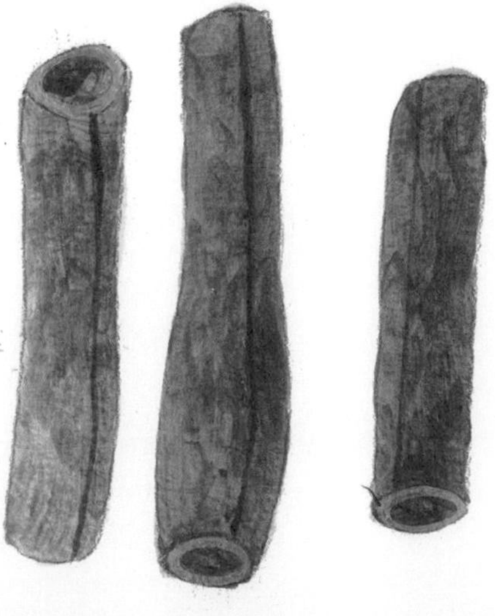

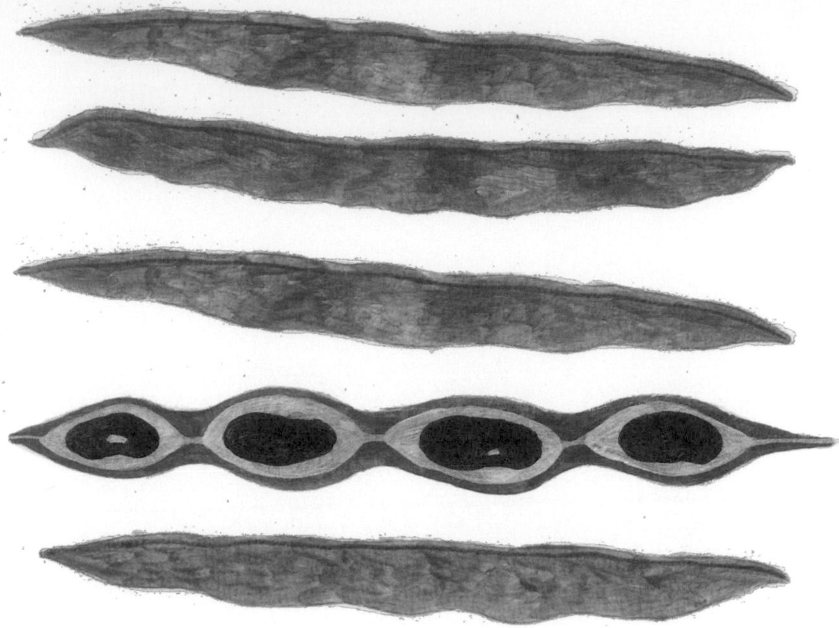

豇豆 cowpea

帶來祝福的豆子

芒種，端午佳節到來
此時盛產茄子和豇豆
俗諺說著
「食茄吃到俶佻，吃豆吃到老老老」
茄子與長豆
讓人昂揚、讓人長生

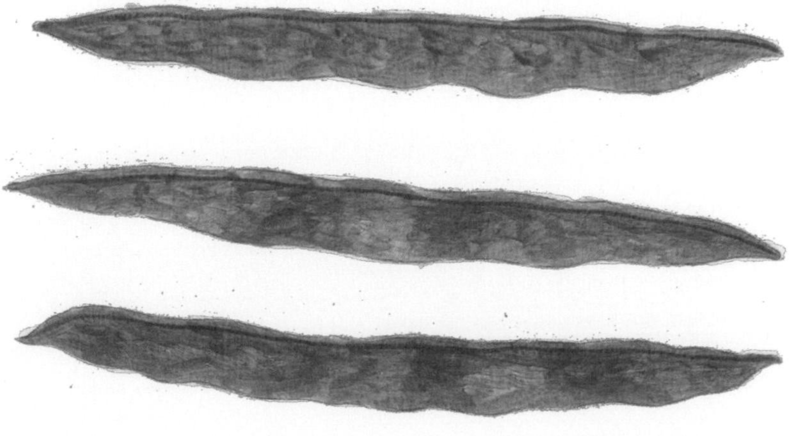

芒種

芒果冰淇淋

暑氣將至
味覺的香甜滑順
視覺的鮮黃
冰涼綿密的冰淇淋
是即時行樂的消暑

香草冰淇淋

新鮮切丁芒果

自製芒果果醬
（芒果果肉與砂糖熬煮）

芒種

- 放入1到2球香草冰淇淋
- 鋪上新鮮切丁芒果
- 最後加上自製芒果果醬（芒果果肉與砂糖熬煮）即完成

沙沙細膩—西瓜

「夏至」這一天，晝最長、夜最短，瓜季到來，海岸邊、溪床旁砂質地是西瓜最佳的溫床。炎熱讓瓜體膨大、少雨讓甜度暴增，品質大好，夏日的紅配綠，細細膩膩沙沙感，所缺的水好似都凝聚在這裡。

夏至

夏至荷 仙女紅

交節日：國曆6/21-22

因為和夕陽　這生才相逢
總是將白晝　戀成最長的一日
荷葉蔽天，挺出禪意
瓜熟蒂落
愛瓜多情多汁
愛瓜多嫩多甜

綠藤滿架—瓠瓜

瓠瓜另稱「扁蒲」、「蒲仔」，瓜藤滿架與氣溫同旺盛。懸垂而下的蒲仔，夏至品嚐正好，有下盤膨大竹酪梨形、等徑的長圓柱形，具礦物質、維生素等許多營養素。瓠瓜口感清甜、柔嫩多汁，不宜生吃，煮食，炒、燴、煮湯、製餡皆適宜。

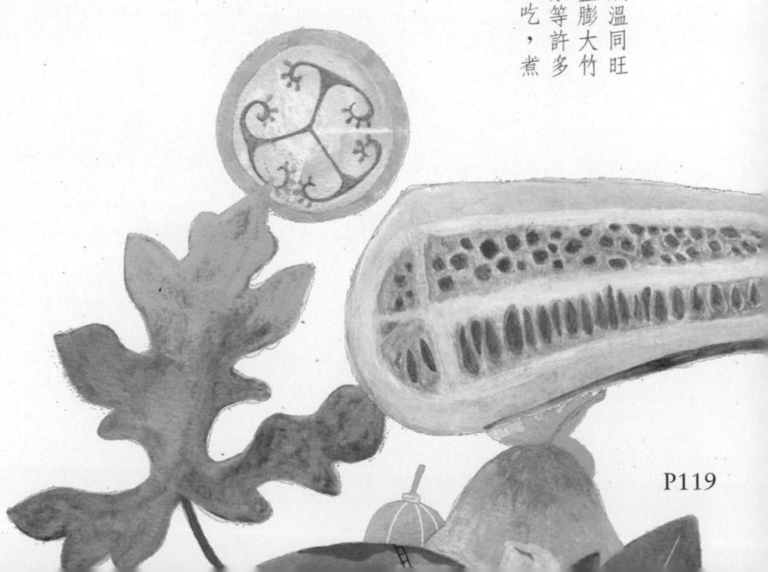

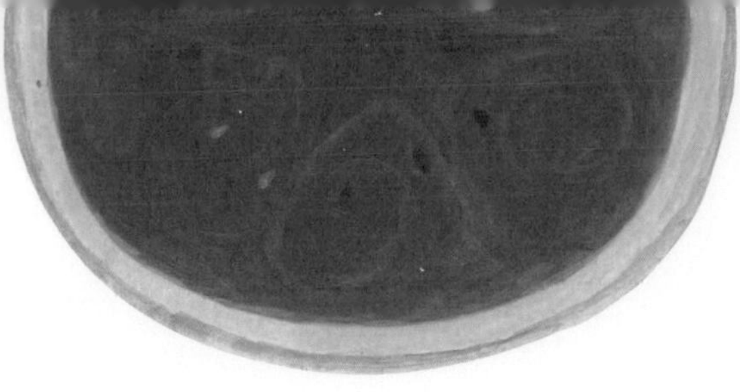

西瓜 Watermelon

滿足的渴望

經典西瓜 Classic Watermelon　雲林二崙西瓜

好吃產地 Place of Origin　〔雲林〕二崙〔台南〕〔花蓮〕〔屏東〕〔嘉義〕〔彰化〕〔苗栗〕

挑果吉日 In Season　5月~8月，第一期西瓜最為甜美

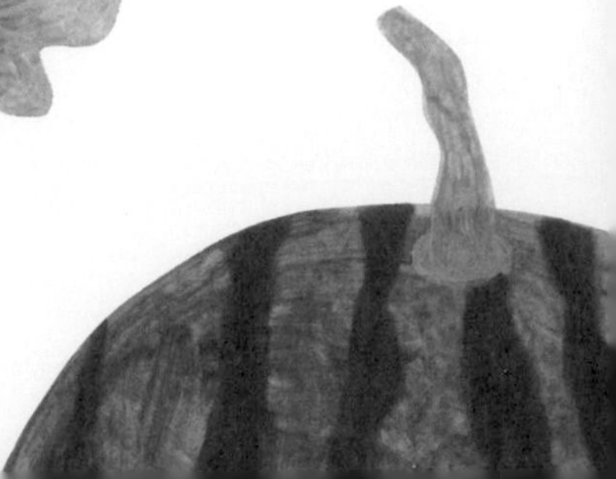

西瓜 watermelon

滿足的渴望

都快扛不動的大水果
分享是眾樂樂的快意
捧著吃、抱著吃
大口咬下
調皮地呸著西瓜籽

只要到了夏天
就開始渴望
沙沙的果肉與滿含水分的紅色汁液

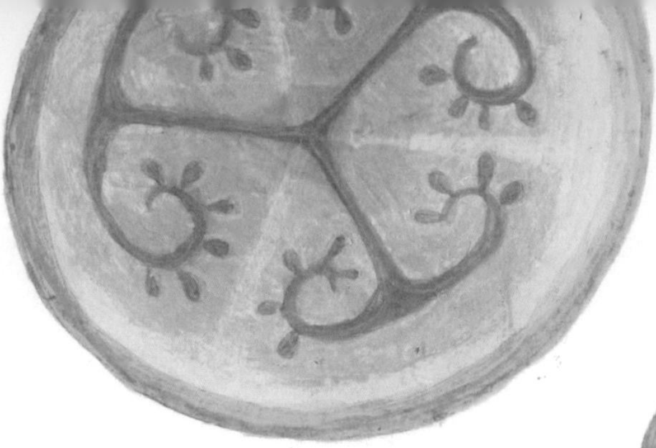

瓠瓜 Gourd

葫蘆裡賣的關子

經典瓠瓜 屏東瓠瓜
Classic Gourd

好吃產地 〔桃園〕大園〔高雄〕杉林〔屏東〕高樹、里港、九如〔嘉義〕〔雲林〕
Place of Origin

挑菜吉日 6月~8月
In Season

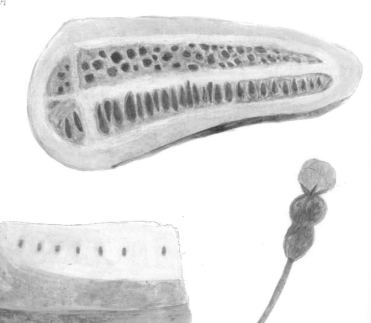

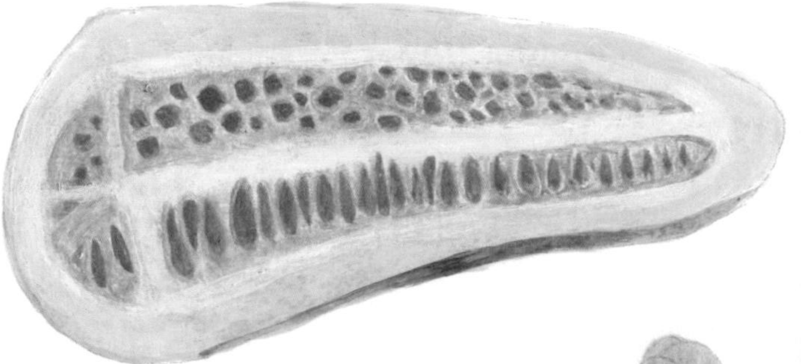

夏至

瓠瓜 Gourd

葫蘆裡賣的關子

幾株就可蔓成一棚涼蔭
花往上開、果向下懸垂
葫蘆裡，到底賣什麼關子
菜裡、湯裡
怎如此甘美

夏至

瓠瓜鮮肉餃

瓠瓜幼綿綿
湯頭甘甜甜
清清爽爽
以些許的肉香襯瓠瓜的甘甜
裹在麵皮裡
一口一夏甜美

水餃皮

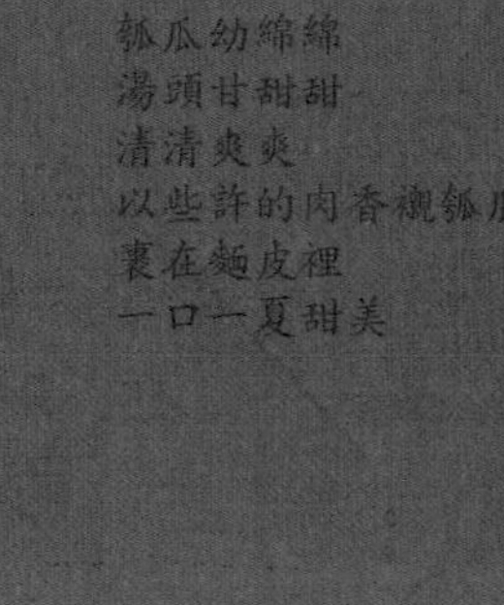

豬絞肉

蒜頭2顆(切片)

瓠瓜(切細條)

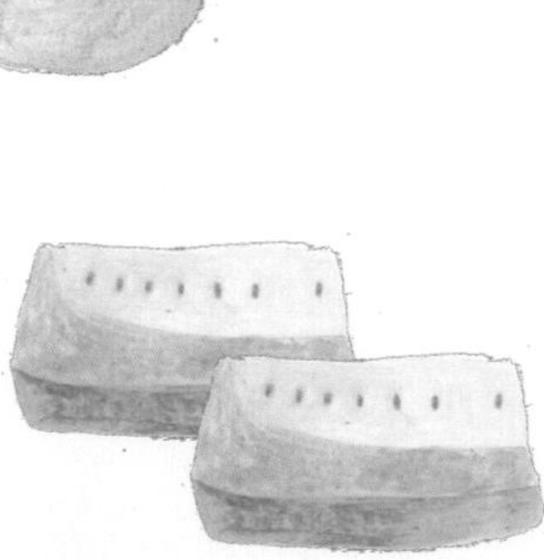

薑末(酌加)

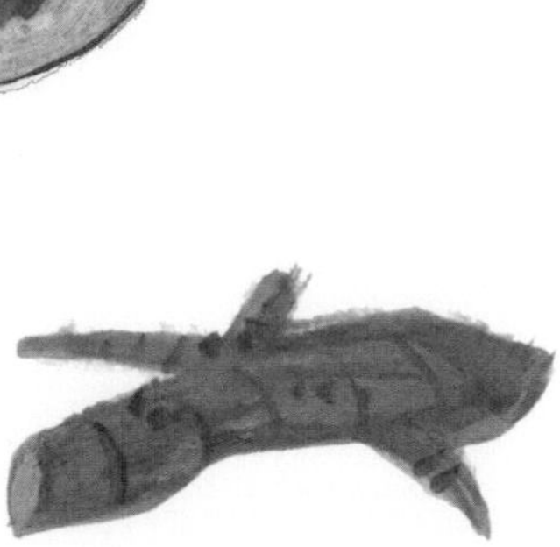

夏至

- 瓠瓜刨絲，加點鹽，放一會兒讓瓠瓜出水
- 用紗布巾把瓠瓜絲包住，旋轉擠出多餘水分
- 絞肉與瓠瓜絲混合絞
- 加入鹽、香油、胡椒調味即完成餡料
- 將餡料包進水餃皮即可下鍋煮囉

鳥兒也愛它——木瓜

半草本作物，株形似木，果實長圓形，狀似小瓜，故名木瓜。夏季小暑前後果實成熟，是摘取木瓜的最佳時期，木瓜熟否，小鳥最知道。

小暑

小暑知了 童年綠

交節日：國曆7/6-8

橘色瓜與綠色瓜
瓜是果、瓜是菜
從兒時開始
就承諾夏天要愛它
待成熟那一日
修成正果

鄉村良伴—絲瓜

農諺「小暑小禾黃」，這時節是一期稻作黃熟期，此時也是瓜農們忙著採收絲瓜的時節。黃花也可以入菜、截斷藤莖滴出的透明汁夜是美容的絲瓜露，菜瓜是暑夏的經典深綠。

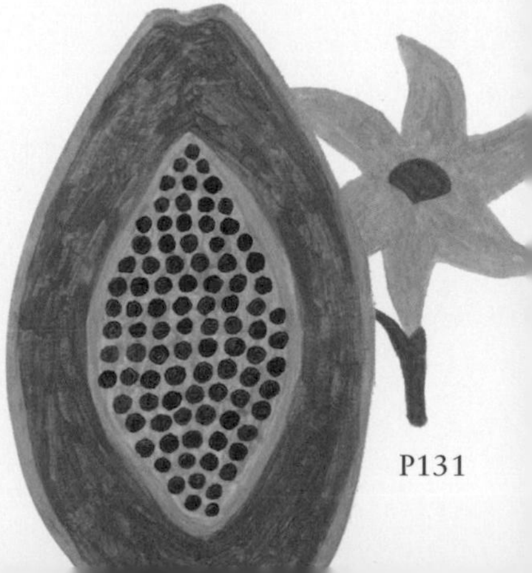

木瓜 Papaya

黃色方舟

經典木瓜 Classic Papaya　屏東高樹木瓜

好吃產地 Place of Origin　〔嘉義〕中埔、大埔〔台南〕大內、山上〔高雄〕美濃、旗山、杉林

〔屏東〕高樹、長治、新埤、內埔

挑果吉日 In Season　7月～11月

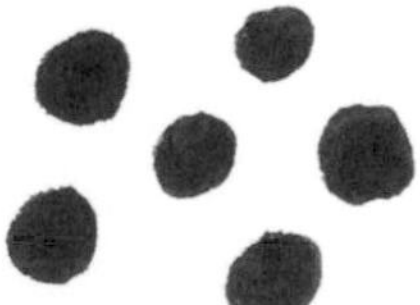

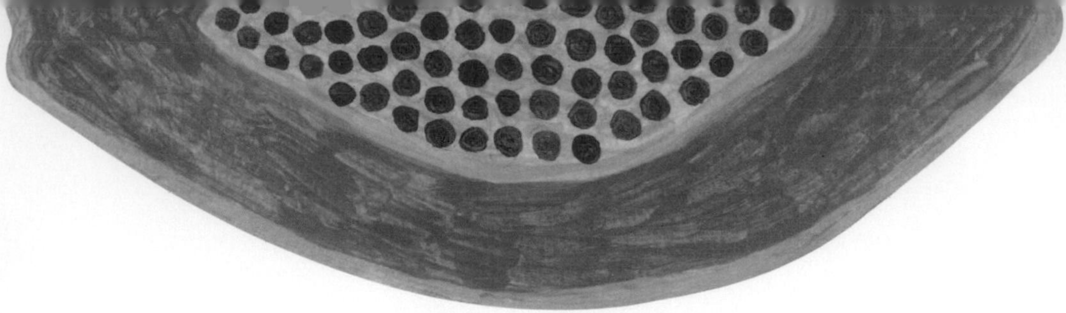

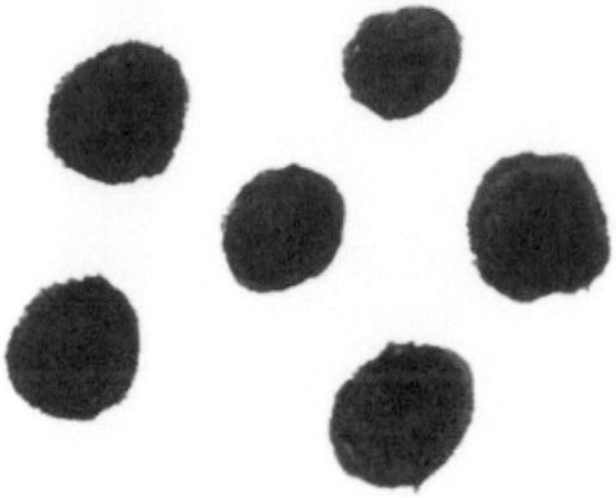

木瓜 Papaya

黃色方舟

兒時的木瓜是高高掛
鳥兒佔了上風
在叢紅採摘時，一個漏接便摔得一地爛糊
經濟栽培的木瓜矮化、結實更纍纍
黃橙橙的濃郁芬芳
對剖開如一艘方舟
滿載著密密麻麻的下一代
捧著用湯匙挖來吃如何?

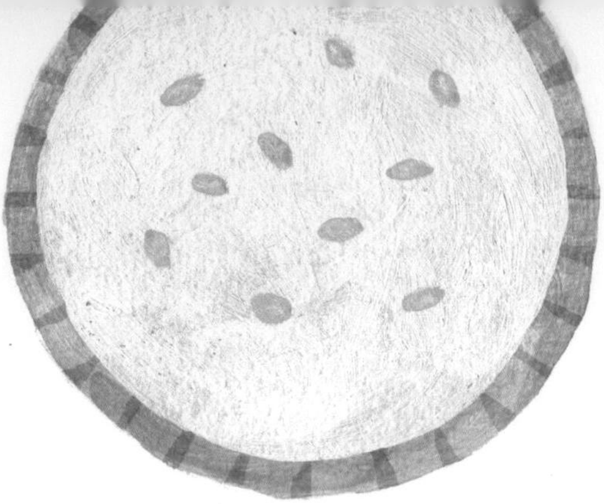

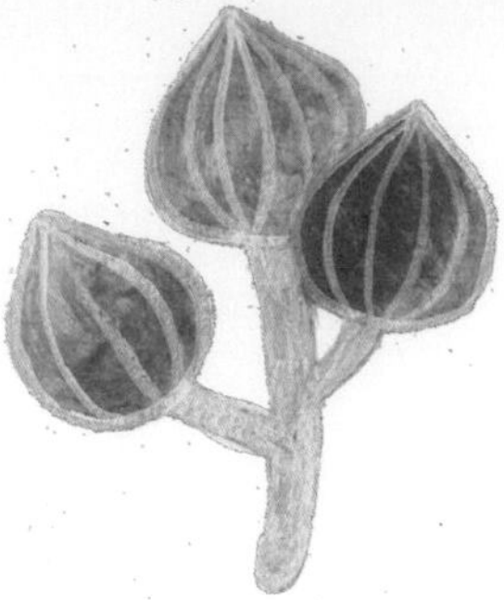

絲瓜 Loofah

清淡 善解人意

經典絲瓜 Classic Loofah：嘉義新港絲瓜

好吃產地 Place of Origin：〔台南〕〔高雄〕〔屏東〕〔雲林〕斗六〔澎湖〕

挑菜吉日 In Season：7月～11月

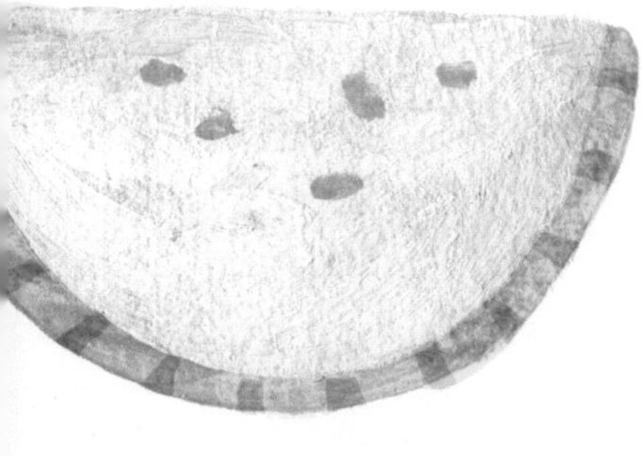

小暑

絲瓜 Loofah

清淡 善解人意

黃花褪束綠身長
白結絲包困曉霜
虛瘦得來成一捻
剛偎人面染脂香

—宋　趙梅隱「詠絲瓜」

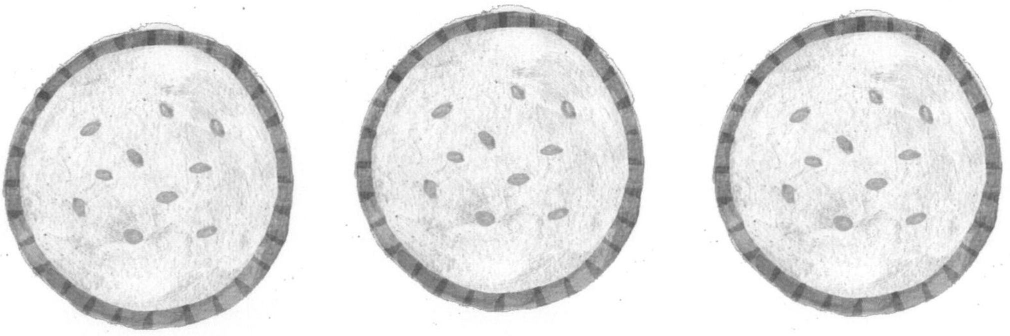

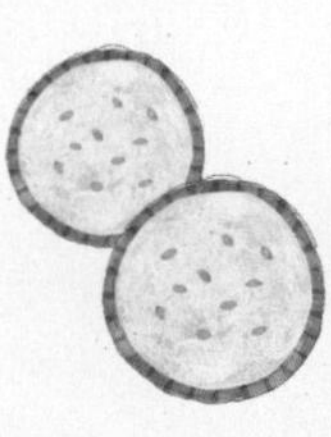

小暑

涼拌青木瓜

天氣炎熱
人也跟著心煩氣躁
未熟的青木瓜，別具風味
脆脆爽爽、涼爽開胃
涼拌青木瓜
讓心情持續開朗

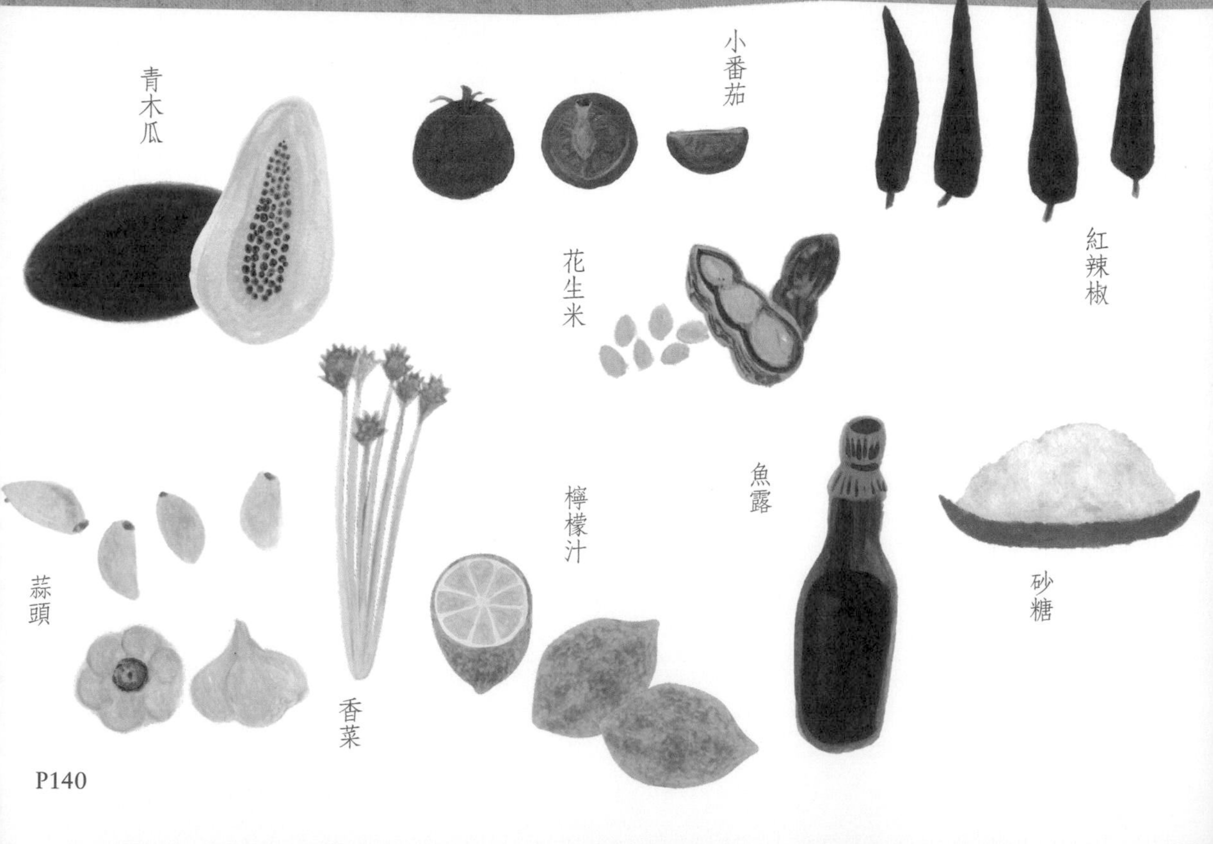

小暑

- 青木瓜切細絲、小番茄對切、紅辣椒切片
- 加入花生米、蒜頭、香菜
- 擠入檸檬汁、魚露、砂糖
- 全部拌勻即可食用

大暑

大暑熱 星空寶藍

交節日：國曆 7/22-24

熱情像高燒不退
將夜晚的天空燒成寶藍
還有點點亮晃晃的結晶
吸飽陽光的水果
總是色香味濃烈
躲太陽的蔬菜
還是可以冰雪玉白

好土金鑽—鳳梨

7月小暑大暑，日頭漸炎，連鳳梨都得遮太陽。俗諺「大暑吃鳳梨」，是指大暑鳳梨「正來」好時機；開英種的土鳳梨越來越多人追求這種古早味，台農17號金鑽鳳梨正夯。

吃得苦中苦—苦瓜

豔熱的陽光，悶雷陣雨，又熱又潮的南島夏天台灣，果菜市場裡正上演著苦瓜的叫賣會。大暑時節，眾瓜皆以甜味較勁，唯獨苦瓜鶴立雞群，以苦見長，在苦中回甘。吃點苦瓜可健脾開胃、增進食慾，也讓濕熱之邪避而遠之。

鳳梨 Pineapple

好運旺旺來

經典鳳梨 Classic Pineapple　台南關廟金鑽鳳梨、嘉義民雄牛奶鳳梨

好吃產地 Place of Origin　〔嘉義〕民雄〔台南〕關廟、新化〔高雄〕大樹〔屏東〕高樹、內埔〔南投〕

挑果吉日 In Season　4月~8月，大暑吃鳳梨

鳳梨 Pineapple

好運旺旺來

光這「旺來」，便讓鳳梨萬般吉祥討喜
鳳梨酥演繹了台灣的糕餅、伴手文化
許多小孩是在鳳梨田長大的
鳳梨養活許多人
鳳梨養刁了饕客的「味」
鳳梨擺在案頭
鳳梨是台灣的鄉村生活

苦瓜 Bittergourd

苦盡甘來

經典苦瓜 Classic Bitter gourd：屏東崁頂白玉苦瓜、屏東九如山苦瓜

好吃產地 Place of Origin：〔高雄〕大寮、大樹〔屏東〕崁頂、九如、鹽埔

挑菜吉日 In Season：5月～10月

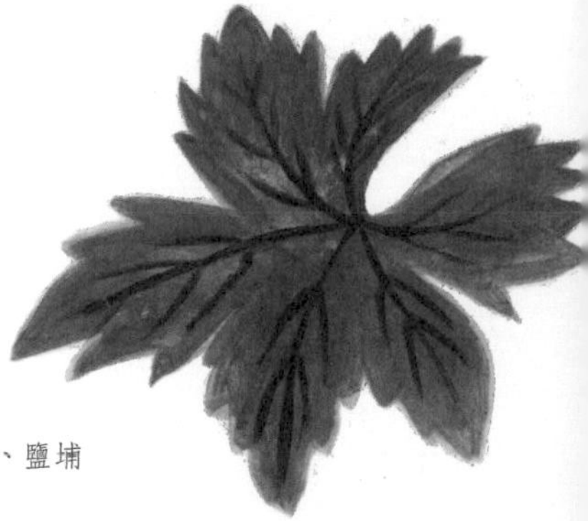

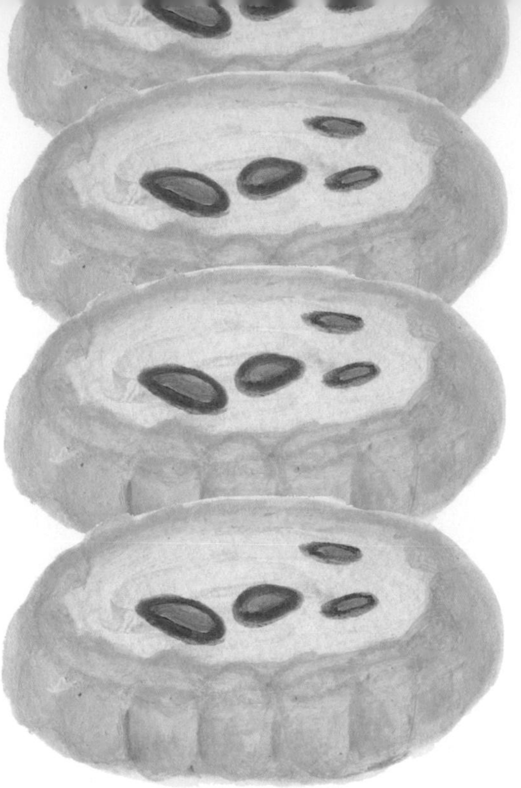

苦瓜 Bittergourd

苦盡甘來

鮮黃的苦瓜花
毅然決然地收起外放的光芒
專心催長幼瓜
疙瘩外皮，有綠有白
否極會泰來，苦的盡頭盡是甘美
吃苦，才能再三回味

大暑

鳳梨什錦飯

大暑吃鳳梨
就來一盤顏色豐富的夏日炒飯吧！
用鮮豔自然的鳳梨顏色
讓夏天，充滿熱情！

大暑

- 鳳梨對半切開後，挖出果肉，切成1公分大小四方丁狀
- 將洋蔥及西洋芹切段
- 將蛋打入碗中攪拌，再加入白飯拌勻備用
- 熱鍋後將沾裹蛋液的飯炒至熱，加入洋蔥及西洋芹
- 最後加入新鮮蝦仁拌炒即完成

夏漁獲

1 赤翅仔

性情多疑又貪食
是暗地的行者
陽光非其所愛
秘密基地為外島馬祖稍微混濁的海域
大暑時節
會群起至彰化海域
徹夜狂歡

2 赤鯮

性情活潑，游技敏捷
面對湍急毫不畏懼
水質越是澄清溫暖越加熱愛
紅色樣非常討喜
以炭烤以油煎以清蒸
肉質細密少脂肪
滋味鮮美絕倫

3 石斑

生性兇猛貪食
獨來獨往慣了
性別可先雌後雄
同種間有互相蠶食的習性
因有海中巖窟王之稱
就算一生鰥寡也毫不在乎

4 魷魚

中國宋代稱牠：
一種柔魚，與烏賊相似，但無骨耳
喜群聚，尤其在春夏季交配產卵
大暑時節
東北海域
是一雙雙柔魚的儷影

5

小卷

兒時　稱作鎖管　小卷　小管
成體　稱作中卷　透抽
芒種時節
小卷兒　紛紛出籠
學習覓小魚蝦
躲避大型魚
為成為「中卷」日日學習
毫不怠惰

6

白帶魚

洄游性的牠
夏日至黃海產卵
每逢12月到隔年2月
就會大舉來台灣過冬
此時還只是個3~4指寬度的小個子
每逢春來
海面上　清晨的夜光中
晶瑩閃爍著
是一條條亮亮的白帶魚

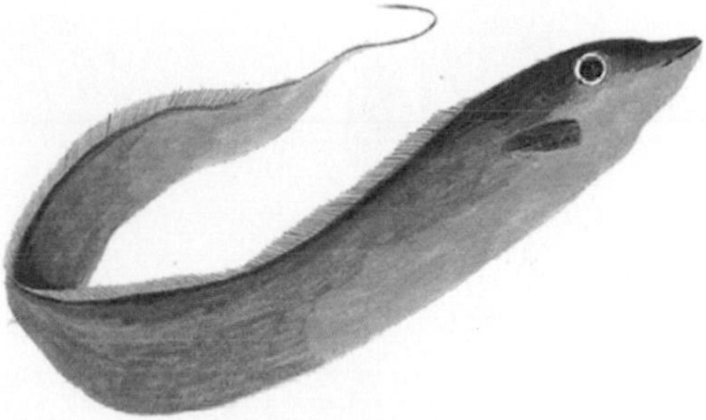

7

紅魽

小暑時
在基隆北方外海徘徊
當肉食性基因突起
便開始苦追
苦蚵、目孔、硬尾等魚群
好吃重量在2~3公斤
油脂飽滿　加蘿蔔泥搭配
既去油又提鮮

8

黑鯛

敏感多疑又精明
考驗漁人的耐性
是其強項
最叱吒風雲的功夫
來自臀鰭的硬棘
輕輕掃過水底部砂泥
蝦蟹現形
讓牠大飽口欲

黑白分明—龍眼

圓圓滾滾，果核、果肉黑白分明，如畫龍之點睛。龍眼在台品種繁多，果農不斷嫁接自成優勢，粉殼、皮薄、退甘慢、果粒大而整齊。立秋節氣也是臺灣龍眼的盛產期，龍眼趕在中元普渡，是代表性的應景水果。

立秋

立秋乞巧 小小靦腆

交節日：國曆8/7-9

總是喜愛在夏的暑熱中
敏感地找尋秋的微涼
還有秋的滋味
季節的交替不是零與壹
欲走的還留；要來的不免禮貌一番
龍眼像月圓
躲藏在土黃殼中的芬芳　不輕易外顯
綠過了，黃開始沉澱析出

和風粘稠—秋葵

立秋時節秋葵長得快，短短幾日即可收成，剖面星狀。它的粘稠感，有顧胃之聯想，愛者愛它的熱量低養顏美容，是養生佳餚；恨者退避三舍，敬而遠之，秋葵較常現身在日本料理中。

龍眼 Longan

花蜜果圃

經典龍眼 Classic Longan　台南東山龍眼

好吃產地 Place of Origin　〔高雄〕〔台南〕東山〔嘉義〕〔彰化〕〔南投〕〔台中〕

挑果吉日 In Season　7月～9月

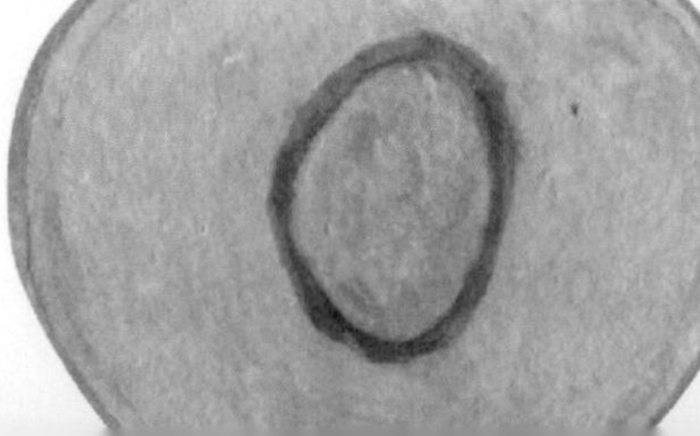

龍眼

Longan

花蜜果圓

龍眼山區分佈廣
花期從台灣南一路往北開
養蜂人家便逐花期遊牧
龍眼蜜就這樣來
果熟應中元
焙火乾儲桂圓
可以溫暖過冬天

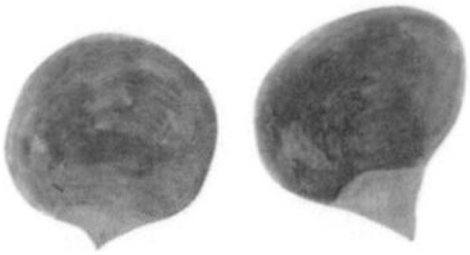

秋葵 Okra

女人的指尖

經典秋葵 嘉義鹿草秋葵

Classic Okra

好吃產地 〔嘉義〕鹿草〔彰化〕〔雲林〕

Place of Origin

挑菜吉日 7月~9月

In Season

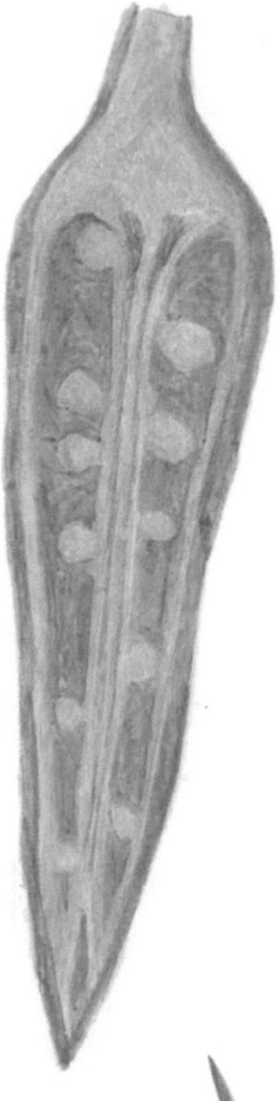

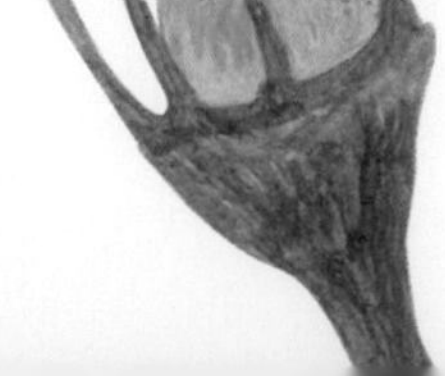

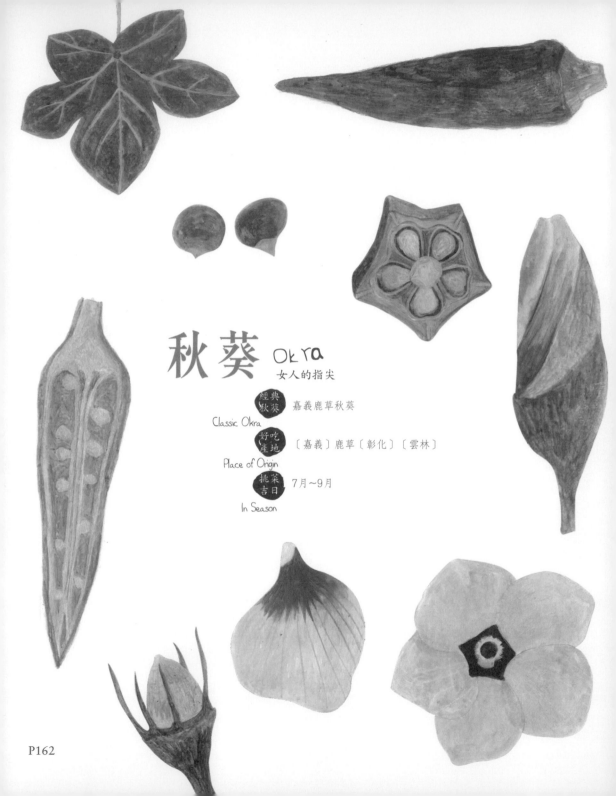

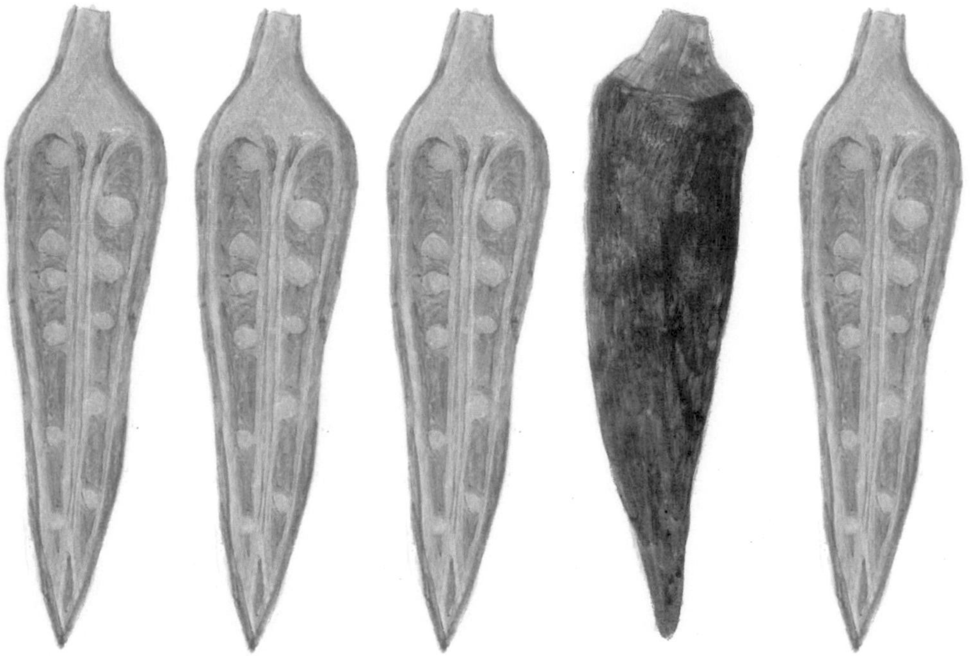

秋葵 Okra

女人的指尖

擁有羊角般的堅強
但卻思緒謹慎，黏膩
從兩千年前一直到現在
如美人的指尖
輕輕點出美麗無限

立秋

薑醋秋葵

一天雨一天涼
立秋三日遍地紅
大暑立秋交替，由暑熱轉秋燥
要好好的滋潤自己

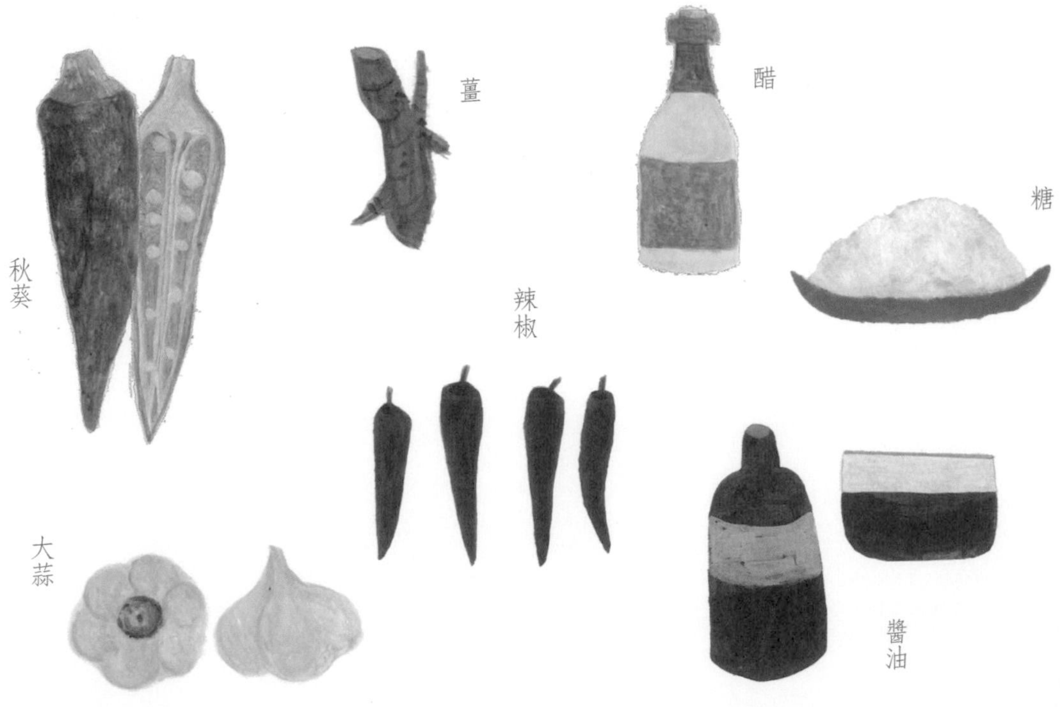

立秋

- 將薑、大蒜、辣椒材料拍碎之後略切成末
- 加入醬油、白醋、糖攪拌，完成薑醋汁
- 將秋葵洗淨放上蒸籠蒸煮
- 秋葵熟軟之後，淋上薑醋汁即可享用

處暑

處暑虎 刀子紅

交節日：國曆8/22-24

怎一個秋來了
暑熱還欲去還留、臨去秋波
跟著天光生活
活跳轉趨為溫婉
果子酸甜香變幼清新柔
也好
累積下一次的熱絡

柚子樹梢月圓—文旦柚

秋日第二節氣處暑，暑氣正式終結，秋老虎請息威。氣候秋高氣爽，正如龍眼在中元應景，文旦便要為中秋畫圓，月圓、月餅圓、文旦圓、人團圓。

竹之始——竹筍

綠竹筍每年5到10月皆產，此時盛產，纖維細緻，口感甜嫩、美味可口，採收期筍農得黎明採筍，不讓嫩筍曬到絲毫日光。好的竹筍要白、彎、矮、肥，品質最佳，是冷筍鮮美原味之上乘。

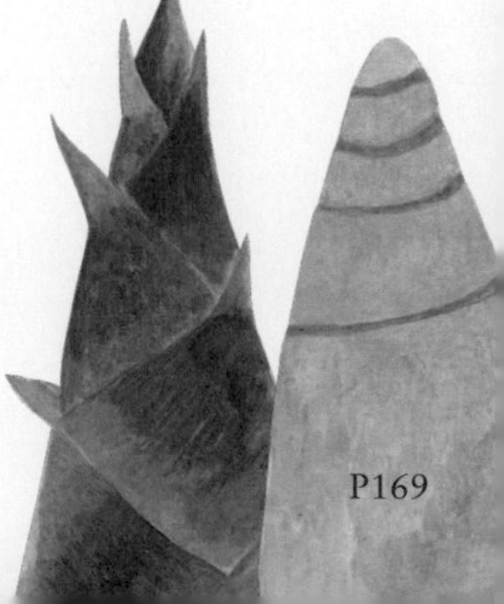

文旦柚 Pomelo

花香柚也香

經典文旦 Classic Pomelo
台南麻豆老欉文旦柚、麻豆大白柚、麻豆紅柚

好吃產地 Place of Origin
〔嘉義〕竹崎〔台南〕麻豆、大內

挑果吉日 In Season
8月~9月

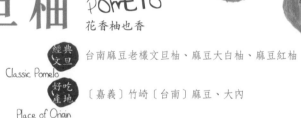

處暑

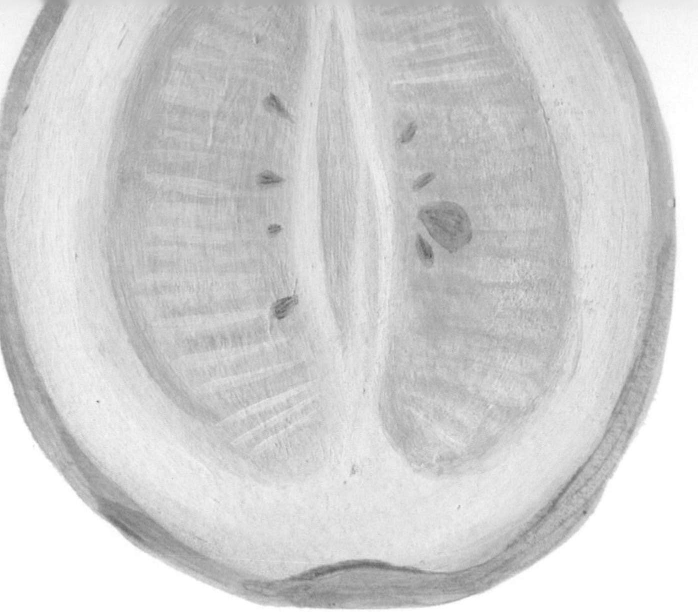

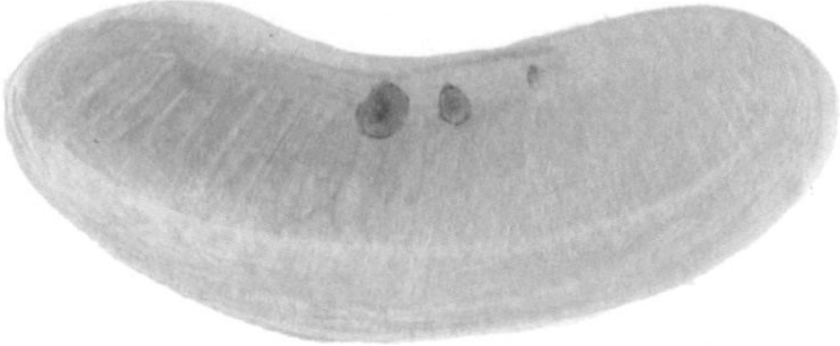

文旦柚 Pomelo

花香柚也香

云香科、柑橘屬，就屬文旦柚起得最早
冬天沒到就提早到中秋報到
如果曾在3、4月走過柚子園
如今品嚐文旦
會更加深那濃濃的花香

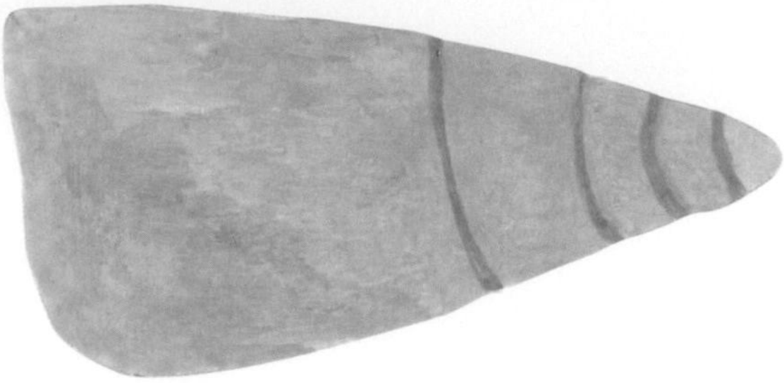

竹筍 Bamboo Shoots

君子之初

經典竹筍 Classic Bamboo shoots：台中大坑麻竹筍、桃園復興鄉綠竹筍

好吃產地 Place of Origin：〔台中〕大坑〔南投〕竹山〔台北〕觀音山〔台南〕關廟、龍崎〔桃園〕復興

挑菜吉日 In Season：5月~9月

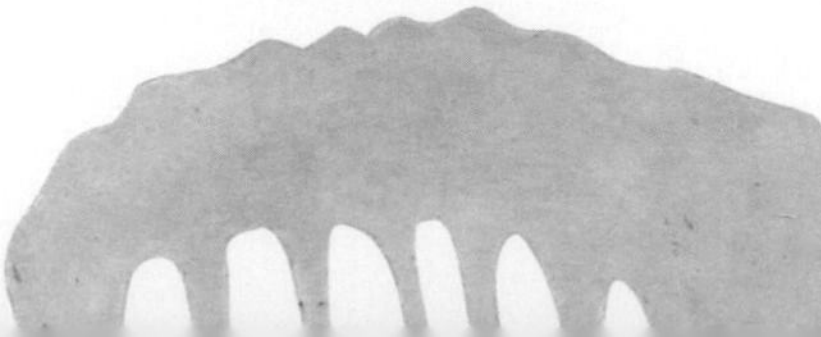

竹筍 BambooShoots

君子之初

中空而有節的君子
君子之初
有層層的防護
土壤中醞釀的力道
結結實實破土而出

處暑

柚香豆腐

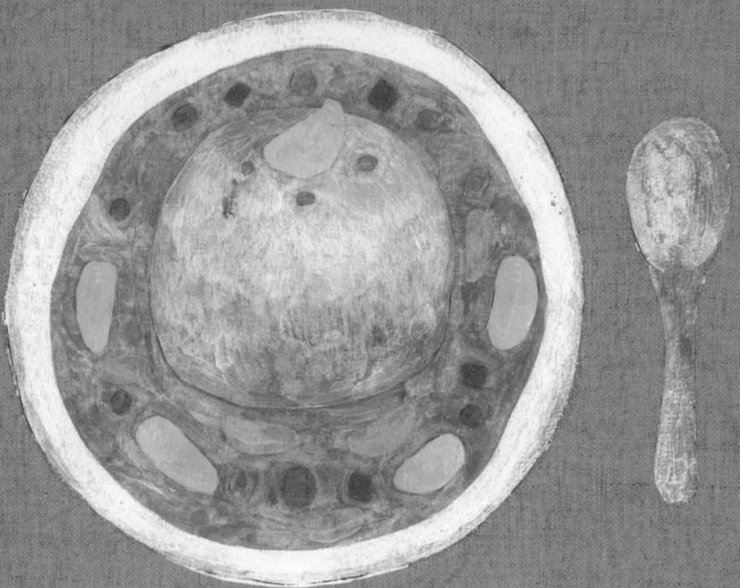

柚子慶豐收
暑氣漸消退
秋老虎還虎視眈眈
清清熱安安神
調養身心

柚子

花生

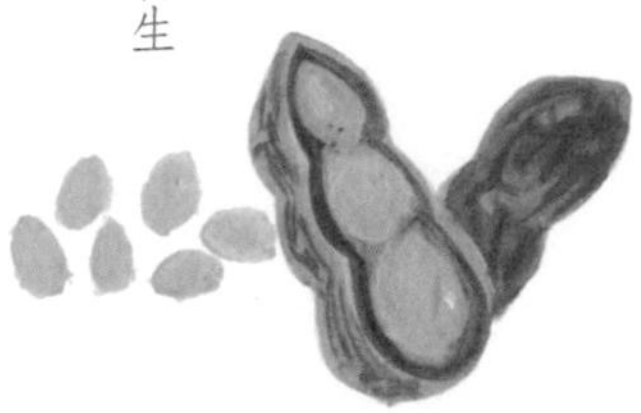

在來米粉

玉米粉

三色豆少許

太白粉

- 柚子去皮，將果肉絞成汁
- 花生泡水1小時
- 另取一顆柚子，將柚子及花生用果汁機打成泥
- 取柚子汁與玉米粉、太白粉、在來米粉攪拌，再拌入柚子泥，蒸3分鐘，即作成豆腐腦
- 最後，將高湯煮開加入三色豆，另取柚子果肉放進一起煮，再加調味料及太白粉勾芡，淋在豆腐腦上即完成

仙人掌上明珠—火龍果

引自中美洲仙人掌科多年生、多肉植物，用特別發達的儲水組織度過乾旱，每年白露時分，氣候的好壞成為火龍果品質良窳關鍵。火紅的外表，包藏白淨的內心，另紅皮紅心人稱紅龍果，富含花青素、維生素及水溶性膳食纖維。

白露

白露月廓 桂香黃

交節日：國曆9/7-9

露白的　是清晨花片上必要保留的後廂房
幫助我們退隱
退至一個空間
卻仍有餘地能發現
高調的外衣其實內藏貼心
樸拙的表象其實氣味迷人

飽飽滿滿—芋頭

秋風起、芋頭香，白露時節要預防秋燥，飲食宜減苦增辛，助筋補血，以養心肝脾胃，這時芋頭就很適合。一年僅一穫，藏在土裡的大塊頭，紫色心絲是檳榔心，儲存了來年要發芽的全部養分。

火龍果 Dragon fruit

來自熱帶的宇宙

經典火龍果 Classic Dragon fruit　台中外埔火龍果

好吃產地 Place of Origin　〔彰化〕二林〔台中〕外埔〔台南〕

挑果吉日 In Season　7月～11月

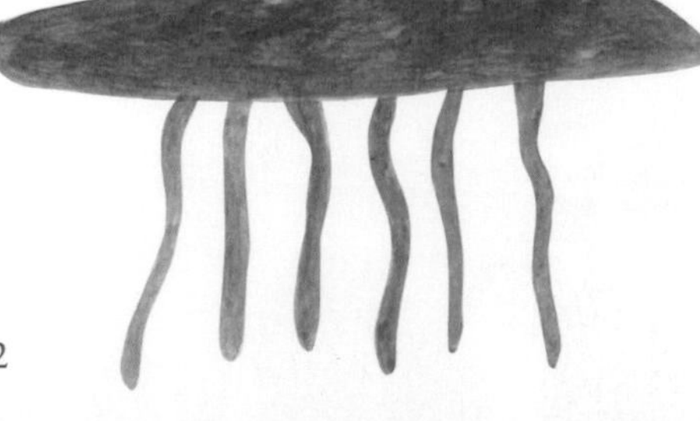

白露

火龍果 Dragon fruit

來自熱帶的宇宙

似火球般點燃熱情
卻孕自一顆顆芝麻大的小種籽
來自墨西哥等充滿熱情的國度
讓它如此與眾不同
一度也水土不服
經改良後
也漸在台灣紅火

白露

P185

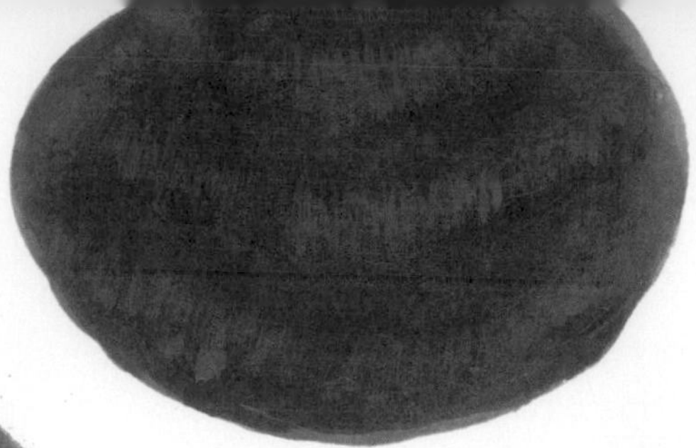

芋頭 Taro

大地的紫玫瑰

經典芋頭 Classic Taro：台中大甲芋頭、高雄甲仙芋頭

好吃產地 Place of Origin：〔台中〕大甲〔高雄〕甲仙〔苗栗〕公館

挑菜吉日 In Season：9月~4月

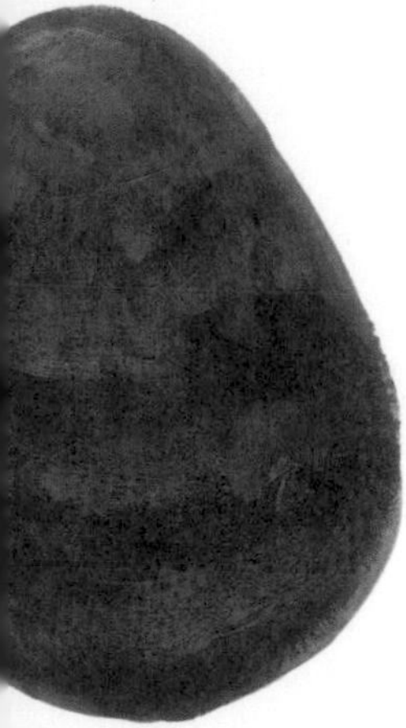

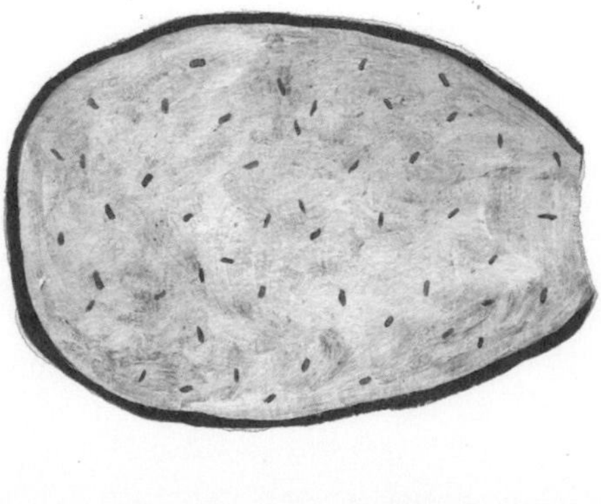

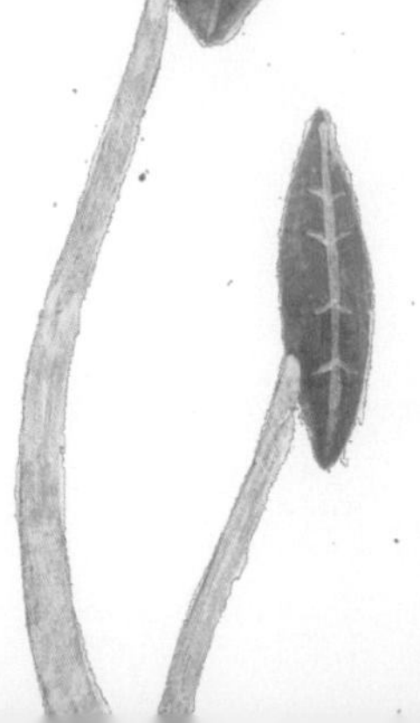

芋頭 Taro

大地的紫玫瑰

在土裡蘊藏200多日
才能熟成，那來自土地的芬芳
大大的葉子，如太陽能板
轉化養分、也為下方的孩子遮陽
讓每一顆大塊頭
出淤泥後也能如紫色玫瑰綻放

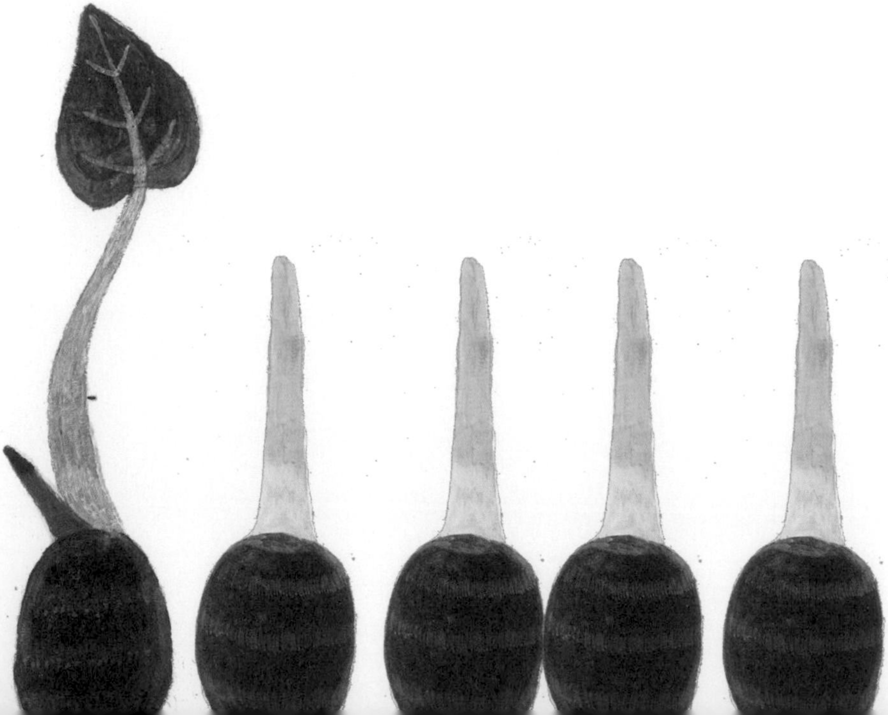

白露

黃金芋頭排骨

白露秋分夜，一夜冷一夜
在這收穫的季節，身心愉悅
綿綿鬆鬆，齒頰留香
芋頭與排骨
怎麼那麼合

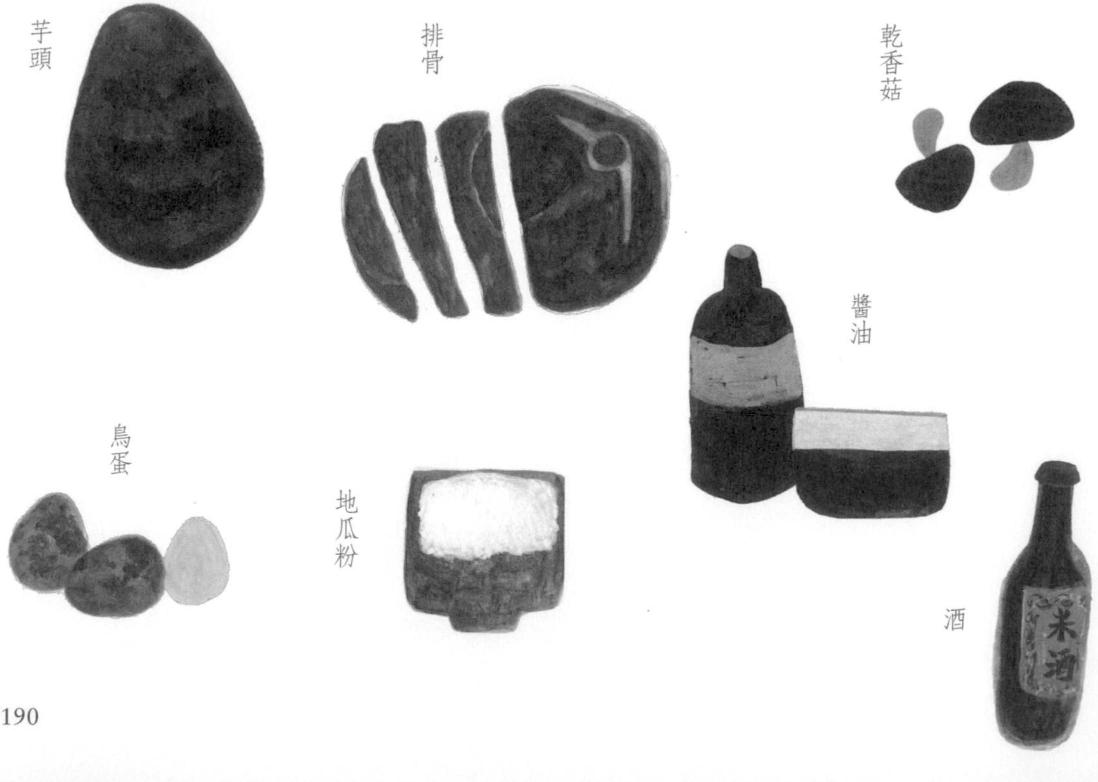

醃肉

芋頭洗淨去皮切塊備用；香菇先泡水，泡完的水留下備用；排骨以醬油30c.c、糖、酒醃約30分鐘後沾地瓜粉備用

過油

油溫100°C，下芋頭、大蒜炸至金黃，下鳥蛋炸1分鐘；油溫160°C，炸排骨至金黃。

調味

將芋頭、排骨、鳥蛋、大蒜、香菇依序入砂鍋，加香菇水入鍋蒸30分鐘即完成

秋分

秋分晝夜 天平

交節日：國曆9/22-24

春分起開始晝長夜短
秋分起轉為晝短夜長
秋天到了一半
日夜到了一半
老天，何等公平

高接奇蹟——梨子

台灣梨在平地原只有橫山梨等，由於溫帶水果倍受青睞，於是有了梨穗與嫁接技術，溫帶水梨出產海拔大幅下降，且品種繁多，有新興、新世紀、豐水、幸水等，一棵梨可接不同的果。秋分生吃梨可以清六腑之熱，蒸熟了吃可以滋五臟之陰。

翠玉皎白——茭白筍

從初夏5月到深秋10月，市場架上都有茭白筍；原產於中國，是古老農作物之一。其屬禾本科多年生水生植物，肥大的肉質嫩莖，白皙泛綠，別名腳白筍，又稱加白筍。台灣的茭白筍栽種，質與量都以埔里為最。

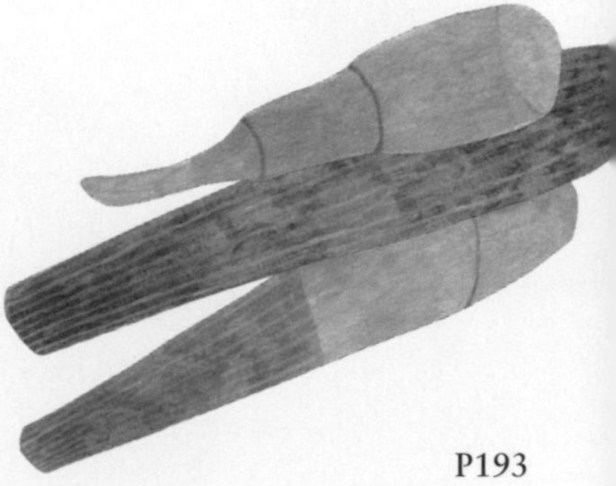

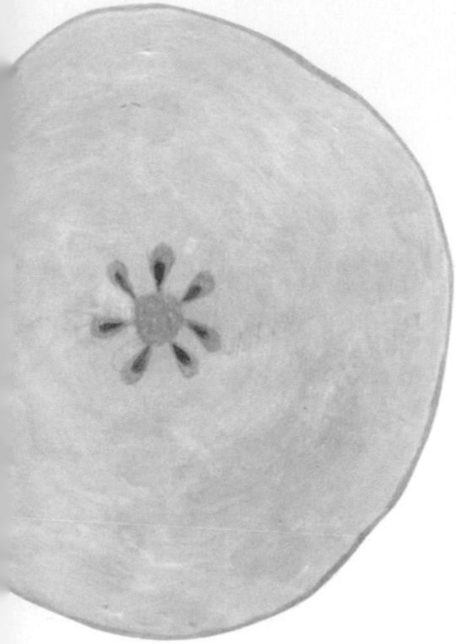
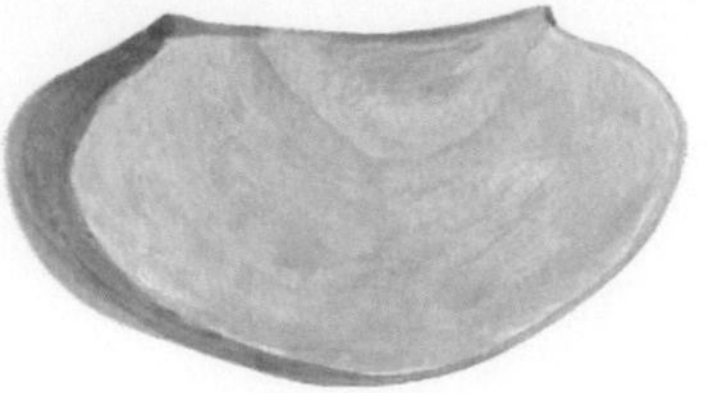
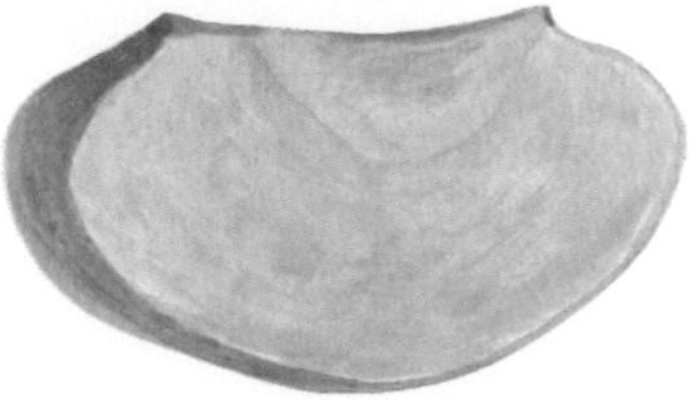

梨子 Pear

秋天的雨露

經典梨子 Classic Pear　台中梨山水梨

好吃產地 Place of Origin　〔台中〕東勢、和平〔新竹〕芎林〔苗栗〕三灣〔宜蘭〕

挑果吉日 In Season　7月~9月

秋分

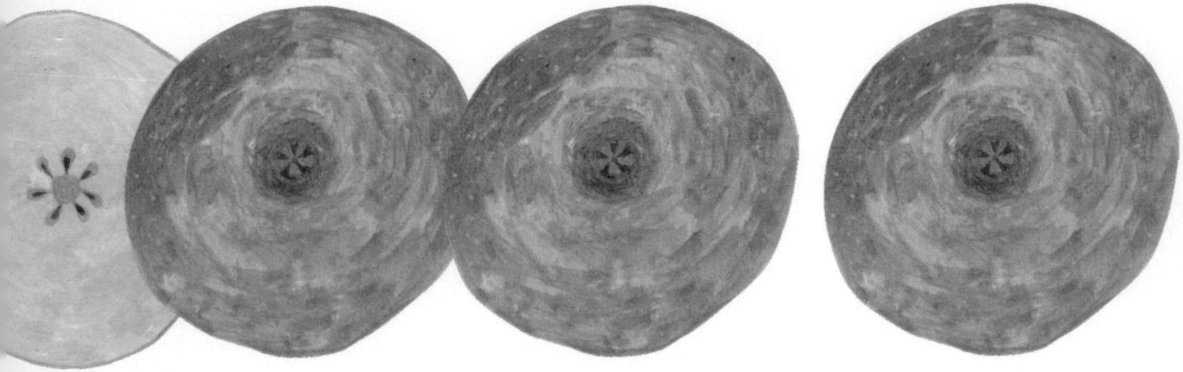

梨子 Pear

秋天的雨露

一頁梨的進化史
樹勢強健的橫山梨
是專業的褓姆，呵護嬌貴的溫帶水梨
讓梨得以普及
是人間甜美的甘露
乾燥的秋季
滋養了大地上的人們

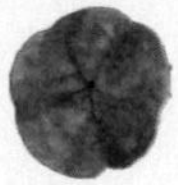

茭白筍 Water barmboo

人稱美人腿

經典茭白筍 Classic Water barmboo：南投埔里茭白筍

好吃產地 Place of Origin：〔台北〕三芝、金山〔南投〕埔里、魚池

挑菜吉日 In Season：9月～11月

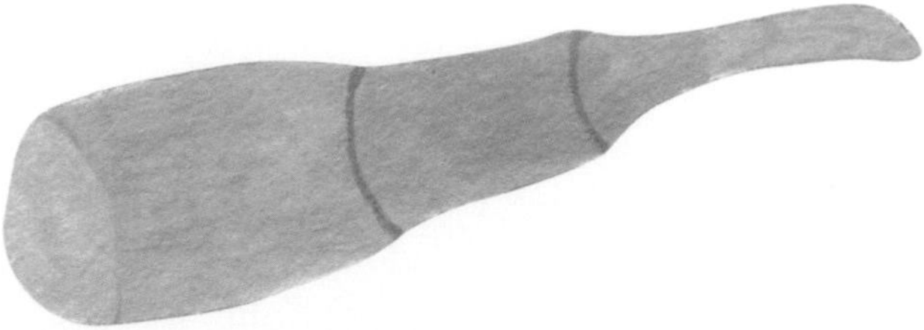

秋分

P199

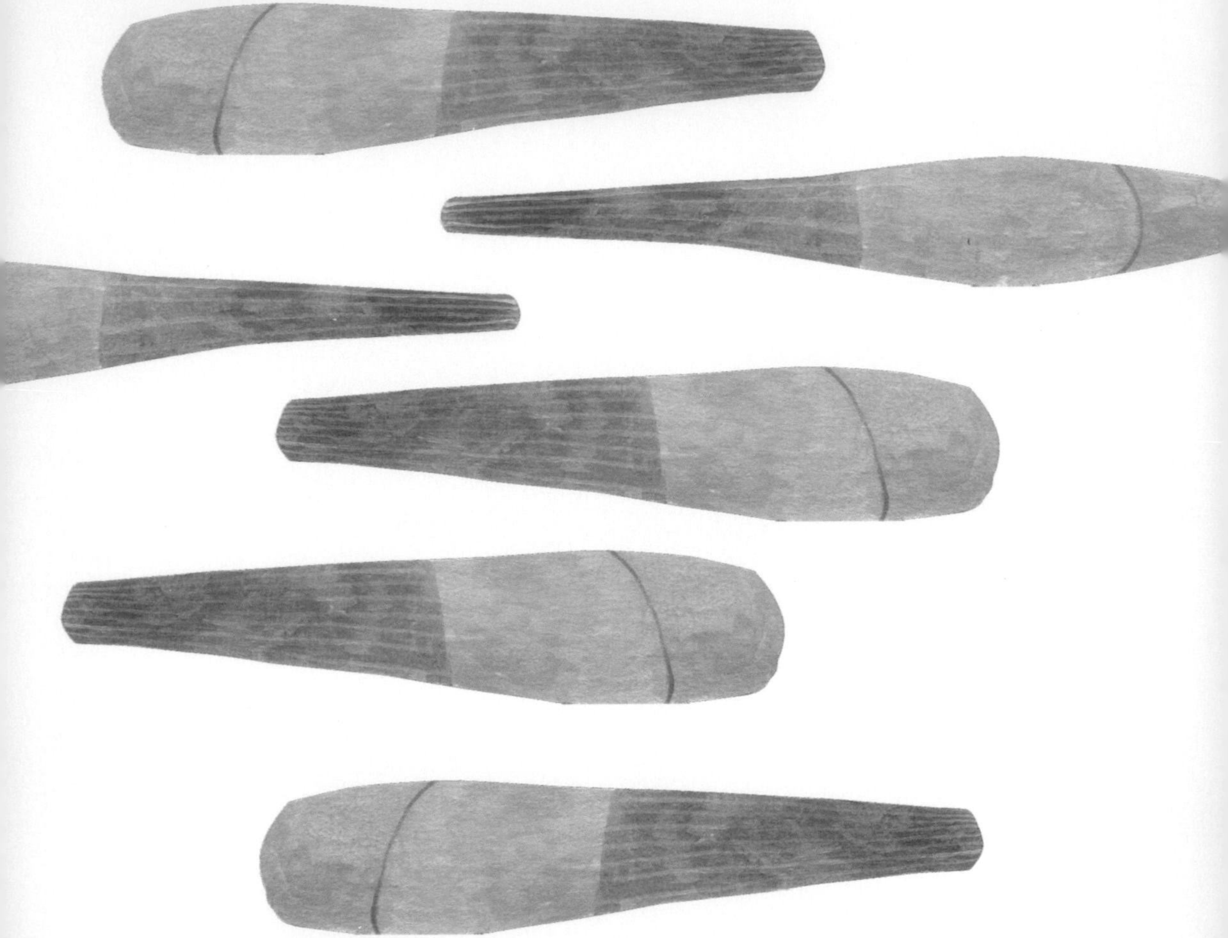

茭白筍

Water barmboo

人稱美人腿

一層一層的綠色
裹著那引人遐想的白嫩
眾多蔬菜中
美人一投足，便是無敵

秋分

白玉美人糕

秋分，日夜對分
在這公平的日子裡
也讓飲食公平
讓一切平和
安靜平衡

茭白筍
500
克

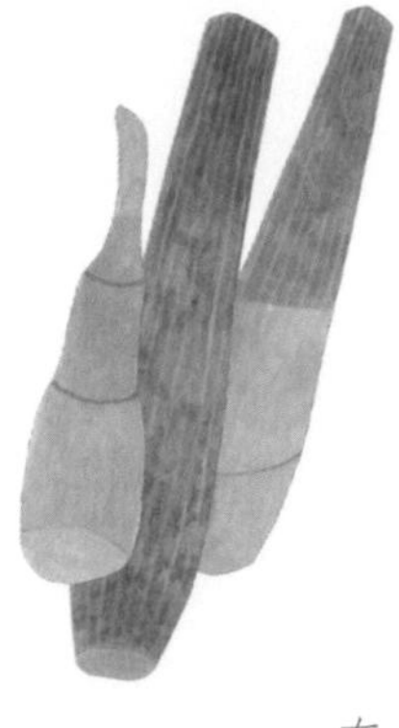

臘腸
20
克

在來米粉
350
克

水
900c.c

● 炒香

茭白筍切絲、臘腸切小碎塊、以少許油炒香，加600c.c.的水及所有調味料煮滾

● 調和

續倒入在來米粉+水攪拌均勻，至濃縮成型

● 塑型

將調和成型的美人糕倒入鋁箔盒，蒸約1小時即可食用

逆口忠果——橄欖

深秋至初冬，橄欖熟成，青果入口初覺苦澀，久嚼回甘餘味不絕。寒露節氣早晚會接觸寒氣和露水，宜食潤燥的橄欖，先苦後甜的特殊韻味，有同於古代忠臣苦諫的性格，忠言逆耳，橄欖如逆口之忠果。

寒露

寒露涼 土地土黃

交節日：國曆 10/7-9

露水更涼、寒氣更重
深秋了，東北季風吹起記憶
草木開始落葉枯黃
寒，提醒冬之將至
人總要加件衣裳　厚積而薄發

淤泥不染—蓮藕

在盛夏蓬勃的蓮花，秋冬凋盡，殘敗水面下，當泥水收斂後，埋藏的卻是潔白的節節蓮藕，又一次淤泥裡的驚喜。性喜高溫多濕的環境，又對土壤要求不苛，適應性高，全台各地都有栽培。寒露節氣，養生保健宜多吃些山藥、蓮藕等「根」菜。

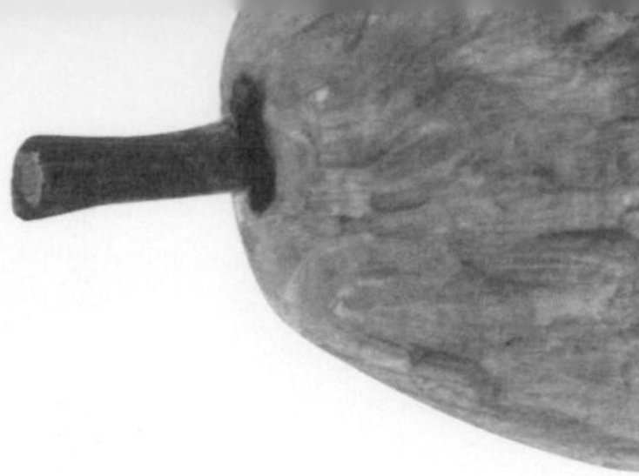

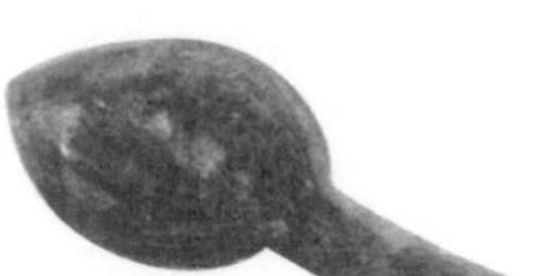
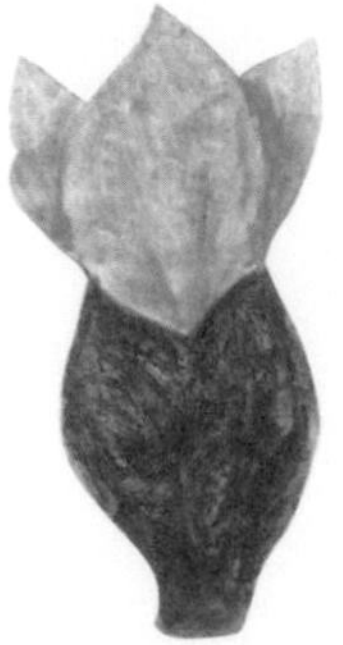

橄欖 Olives

生命之樹

經典橄欖 Classic Olives：新竹寶山橄欖

好吃產地 Place of Origin：〔南投〕〔新竹〕寶山

挑果吉日 In Season：10月

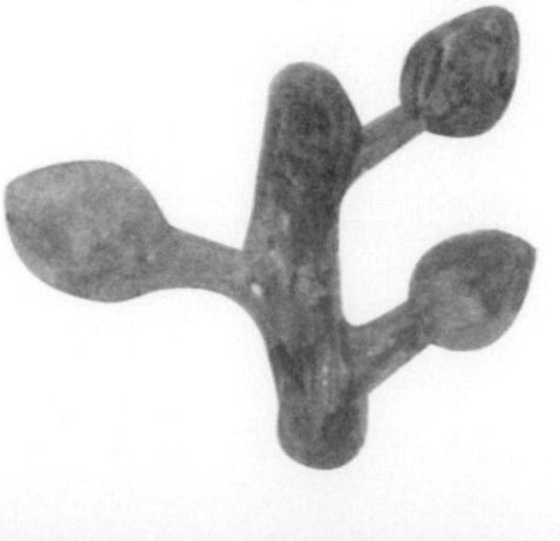

橄欖 olives

生命之樹

一棵橄欖樹
願意等待數百年的結果
從好久好久以前
一直以渾身解數
忠誠的
與人陪伴

P209

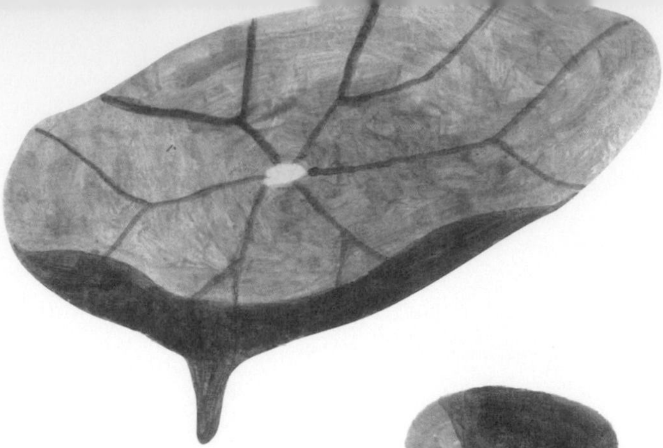

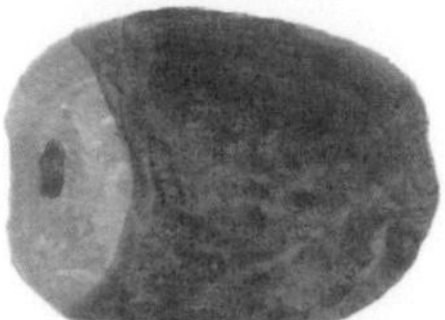

蓮藕 Lotus root

淤泥不染

經典蓮藕 Classic Lotus root：台南白河蓮藕

好吃產地 Place of Origin：〔台南〕白河

挑菜吉日 In Season：10月～11月

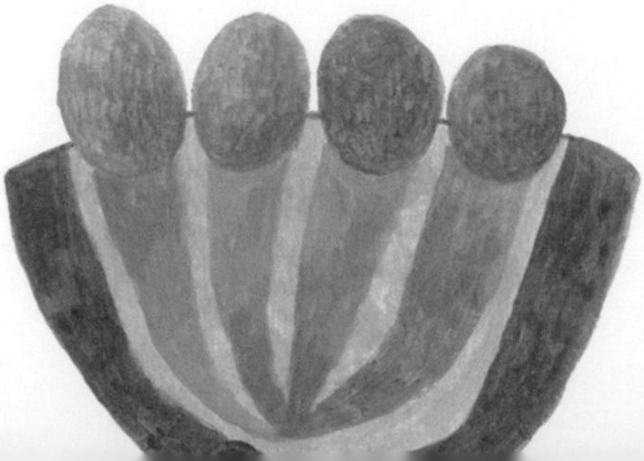

蓮藕 Lotus root

淤泥不染

已收乾的土壤
逐漸的鬆懈
埋在土裡的蓮藕
等待著人們的擁抱

寒露

桂圓冰釀蓮藕

白露水，寒露風
雨季結束，天氣常是晝暖夜涼
草根菜正當時
7月的紅棗
8月的桂圓
乾儲到溫補的季節

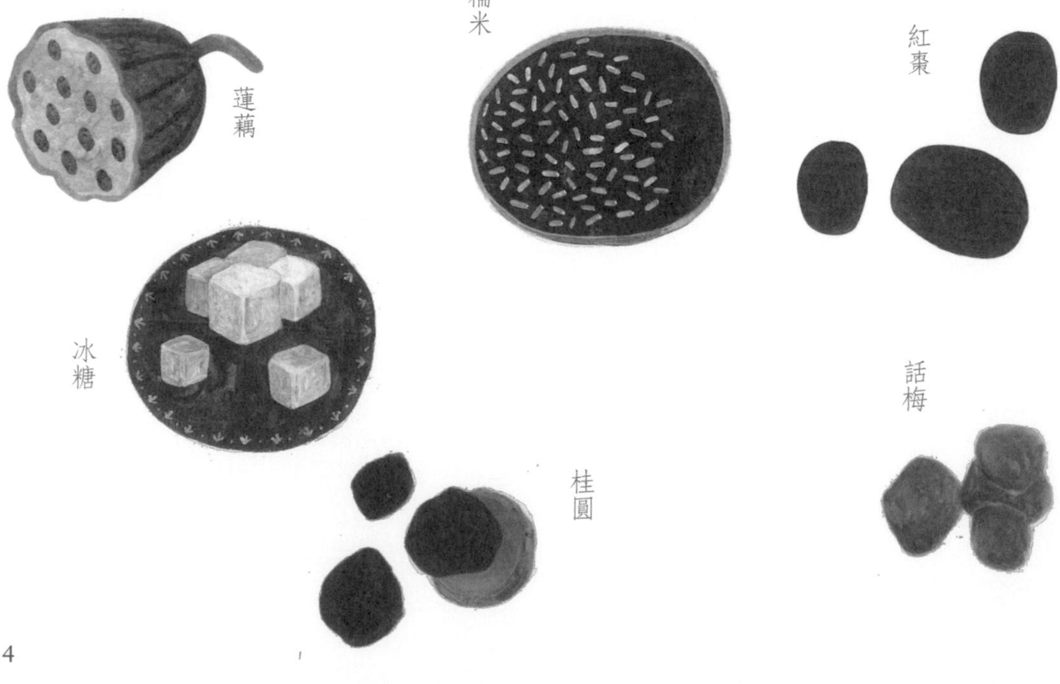

- 糯米洗乾淨瀝乾水備用
- 蓮藕洗乾淨後用鋼絲球擦去表皮
- 在距離藕端約5，10公分處切下，藕即分成兩段一短一長
- 此時將糯米紮實地塞進長的那段的藕孔中
- 將原來短的藕身蓋在長的藕身上，用牙籤固定住
- 起一鍋水加入蓮藕、桂圓、紅棗、話梅、冰糖，煮熟後待涼
- 再放進冰箱冷藏一下
- 最後取出蓮藕切片擺盤，再淋上冰涼的湯汁就非常美味

東方寫意—柿子

台灣大約在260年前由福建及廣東等省引進，目前以新竹、苗栗、台中、嘉義、台東、南投、彰化等種植較多，每年秋到冬，各式柿子上市，脆軟甜澀樣樣有。

霜降

霜降微愁 芒白

交節日：國曆 10/23-24

霜　降下了思念
秋芒似雪
漂白了河床、溪澗、山間
思念有顏有色
柿子紅了

山藥

霜降是由秋入冬的一個過渡節氣，為秋季中最寒涼，多吃山藥能補脾胃。山藥又名淮山、長薯、田薯、條薯，株性強健，既耐旱且較不受土壤貧瘠影響，即使入冬莖蔓枯乾，地底的薯塊依舊保鮮不爛。

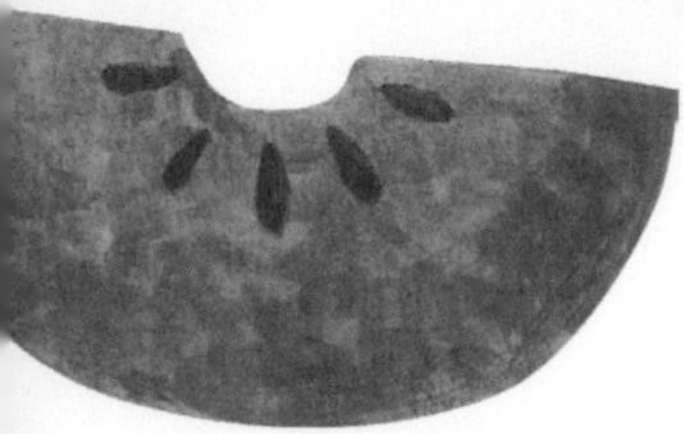

柿子 persimmon

秋天的胭紅

經典柿子
Classic Persimmon

台中東勢柿子

好吃產地
Place of Origin

〔南投〕信義、仁愛、中寮〔新竹〕五峰〔苗栗〕大湖、南庄、泰安
〔台中〕東勢、和平〔嘉義〕番路

挑果吉日
In Season

10月～11月

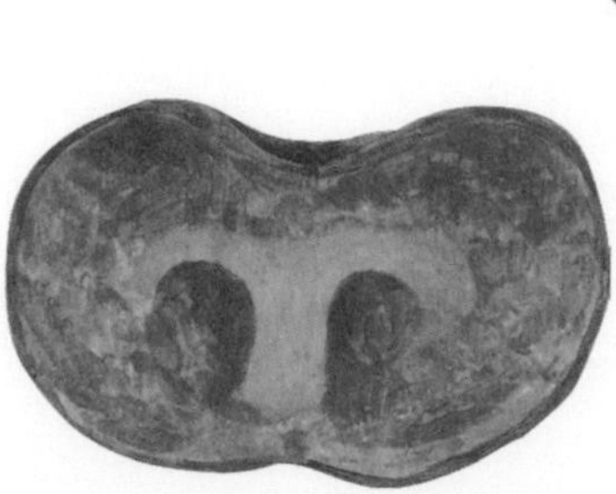

柿子 persimmon

秋天的腮紅

當北方的九降風吹起
庭院裡曬滿紅通通的柿子
然後
漸層到中間
依舊橘紅

山藥 Chinese Yam

黏稠的秋思

經典山藥 Classic Classic Yam　台北陽明山山藥

好吃產地 Place of Origin　〔南投〕名間〔雲林〕〔基隆〕〔台北〕陽明山〔新北市〕三芝

挑菜吉日 In Season　10月～3月

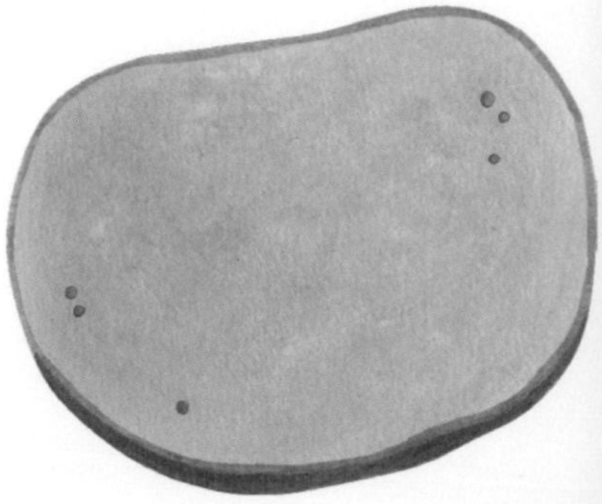

霜降

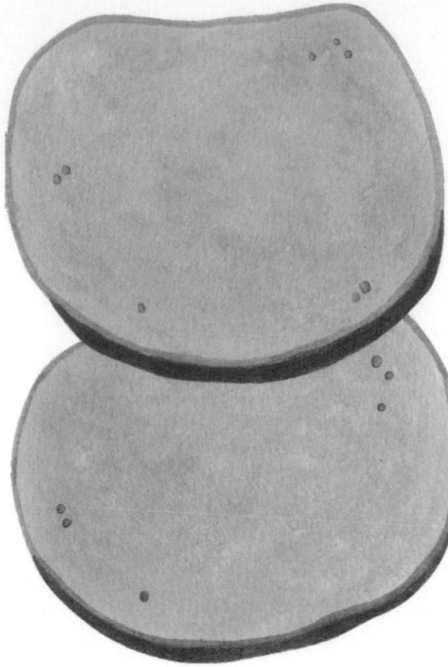

山藥 Chinese Yam

黏稠的秋思

喜歡陽光充足的地方
入冬後，葉子會逐漸枯黃凋落
為了讓一整年生長的養分回到地下塊根
讓底部蘊藏，最扎實的力量

霜降

霜降

柿子乳酪球

霜降摘柿子
賞楓逢時
楓紅、紅柿
東方紅、西方白
那是何等滋味

熟透的柿子1個

一般麵粉

馬蘇里拉乳酪適量

霜降

- 熟透的軟柿子洗乾淨，挖出裏面的果肉
- 挑出裡頭的柿子舌頭
- 篩入普通麵粉
- 開始搓揉直到麵團不黏手為止
- 蓋上保鮮膜約等20分鐘
- 將馬蘇里拉乳酪切成丁狀
- 20分鐘後將柿子麵團揉成長條均等切成小塊
- 將小麵團用手掌壓扁推開，再放入乳酪丁
- 開始用手捏實並揉圓，不可有縫隙，否則炸的時候乳酪會外溢
- 起一鍋油，油熱後放入乳酪柿子團，用小火炸至表面焦黃即可撈出食用

秋漁獲

1 鱸魚

古人說江上往來人，但愛鱸魚美
連蘇東坡也讚賞不已
舉網得魚，巨口細鱗，狀若鬆江之鱸
如今養殖居多
魚肉清嫩　易吸收消化
滿滿的蛋白質
是常民的補品

2 虱目魚

秋天的牠　身型肥美
好似唐朝的楊玉環
是海中的第一美人
牛奶魚是牠的小名
如今已融入台灣南部養殖生活
是南台灣的家魚
全身皆有美好料理的優良條件

3 臭都魚

肚臭　民間叫它臭肚仔
又叫象魚
小小身體
深藏於暖水中
滿是消化發酵的藻類
不要染到肉，就很好吃
練就一身的鰭棘之毒
棘刺是離水後必須防範的反擊

4. 竹筴魚

鮮美一夜干的主角
一夜干
原本為北海道漁夫發明
一種保存魚的方式
將當日捕獲的鮮魚剖開、清除內臟
再浸泡於鹽湯之中，經過一夜的晾曬
魚身上多餘的水分蒸發
魚肉纖維拉扯後更為緊實
油脂風味倍增
以用炭火烤8分熟
風味更甚鮮魚

5. 立翅旗魚

恆春人對「芭蕉旗魚」有個暱稱—破雨傘
擁有很多像芭蕉葉的背鰭
性情凶猛、脾氣暴躁
可擊退大白鯊與虎鯨
纖維多，脂肪少
尤以腹部肉塊煎食味最好

6. 花枝

牠　喜形於色
變色又變形
喜怒哀樂直接明瞭
是海中的靈敏王
一嗅到危機
便以「噴墨」逃生
留下可麻痺敵害的墨汁應對

7. 比目魚

體型好特殊
長大時雙眼會移至同一側
狙擊功夫一流
會將自己與海中環境融為一體
潛伏於海底
耐心等待
當獵物靠近　立即狩獵成功

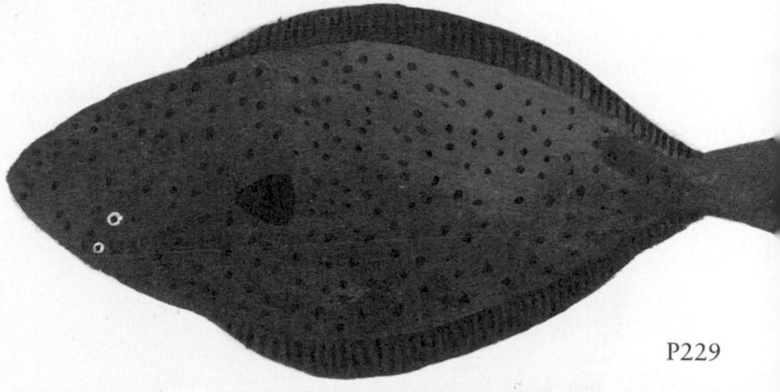

立冬

立冬收 禾木深棕

交節日：國曆 11/7-8

冬季收藏
收藏糧、食；身體的、心靈的
存著藏著
冬期果　溫低而碩大美味
新熟穀　立冬來祭拜地神

番荔枝—釋迦

番荔枝科與屬，倒是果形如佛頭，又稱佛頭果。「釋迦」響亮過本名的番荔枝，年可兩收，以台東為最大栽種地。釋迦冬期果因為生長期間氣溫較低，日照較少，掛果熟成時間長，比夏期果更碩大美味。

數大即美—胡麻

熱帶植物，世界分佈廣，是古老的作物，又稱芝麻、油麻。胡麻入食歷史悠久，並不陌生，但在台灣看過胡麻作物植株的不多，多分佈在雲嘉南地區，台中大度山亦有出產。含油量高，用以榨油，磨粉作醬、入餡。

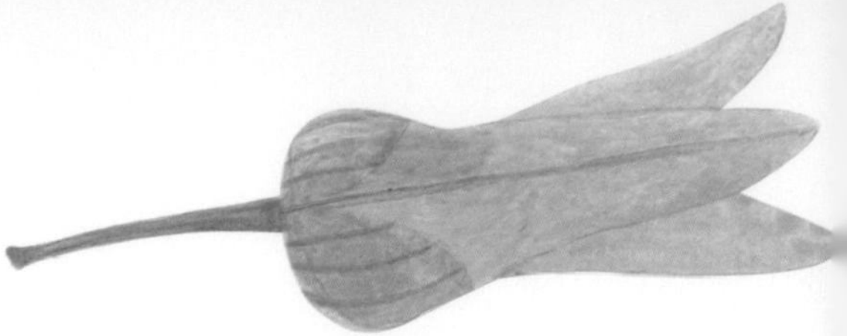

釋迦 sugar apple

東方的信仰

經典釋迦　台東釋迦

Classic Sugar apple

好吃產地　〔台東〕太麻里〔台南〕歸仁

Place of Origin

挑果吉日　10月～11月

In Season

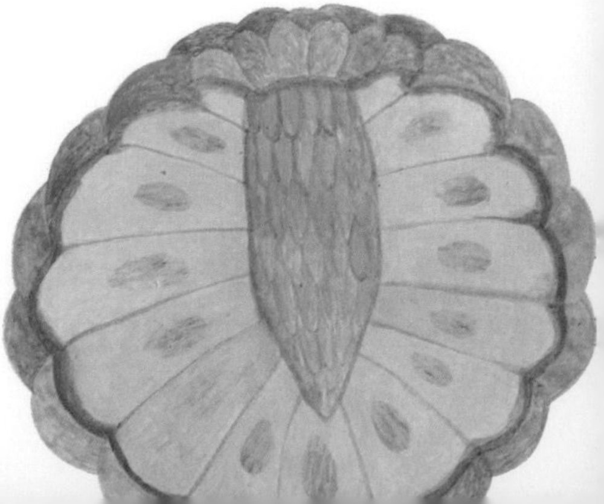

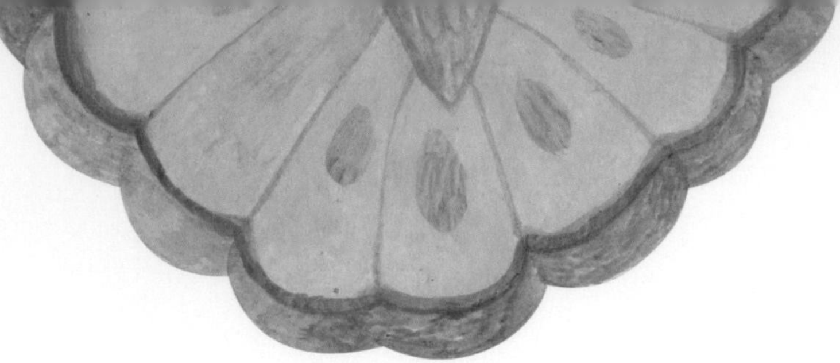

釋迦 sugar apple

東方的信仰

凡事專心一意
怎麼收穫怎麼栽
每一道細節
聚成因果

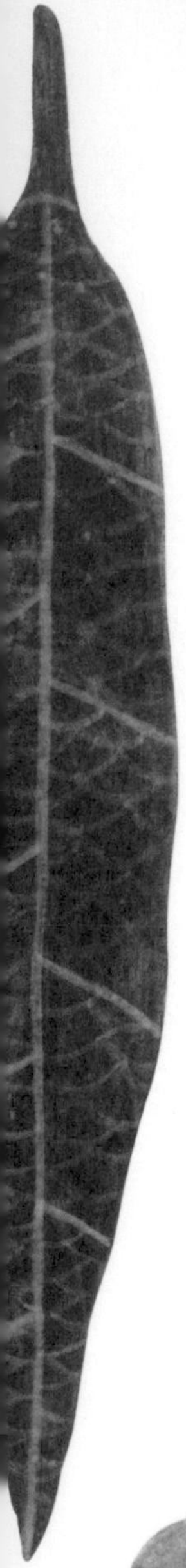

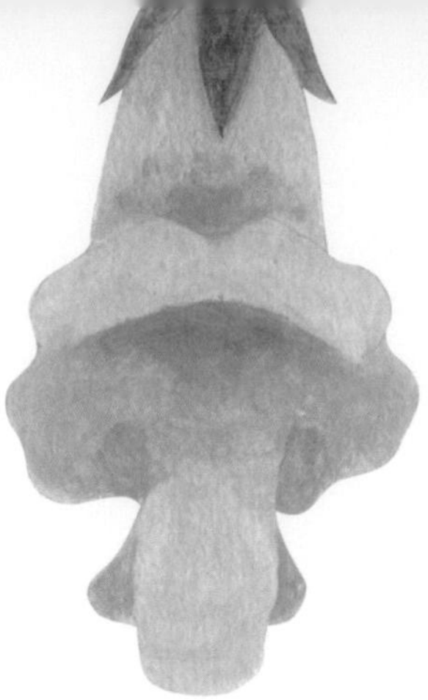

胡麻 Flax

智慧的結晶

經典胡麻 Classic Flax：台南西港胡麻

好吃產地 Place of Origin：〔台南〕西港〔台中〕大肚山〔彰化〕

挑菜吉日 In Season：11月～12月

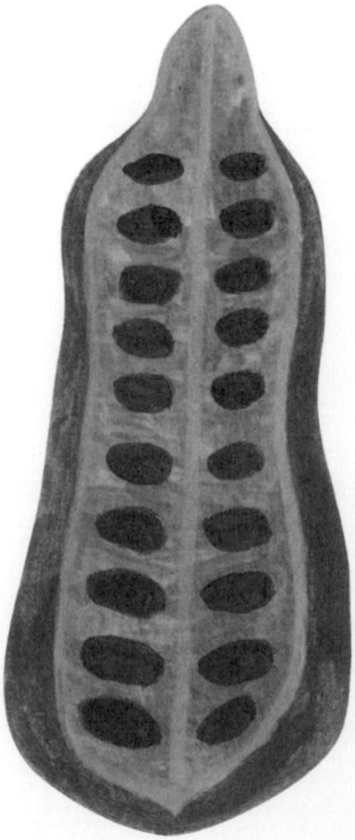
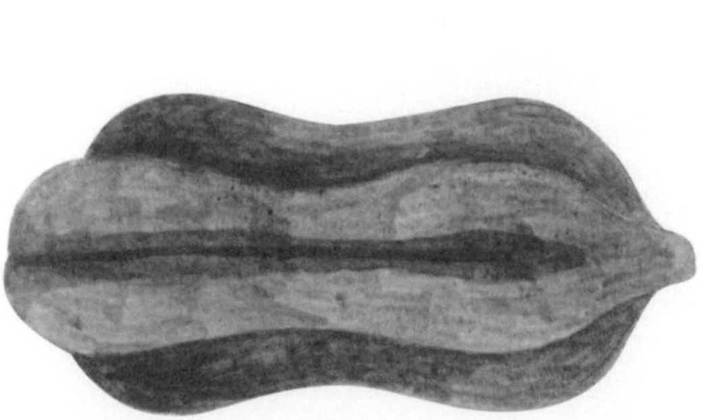

立冬

P237

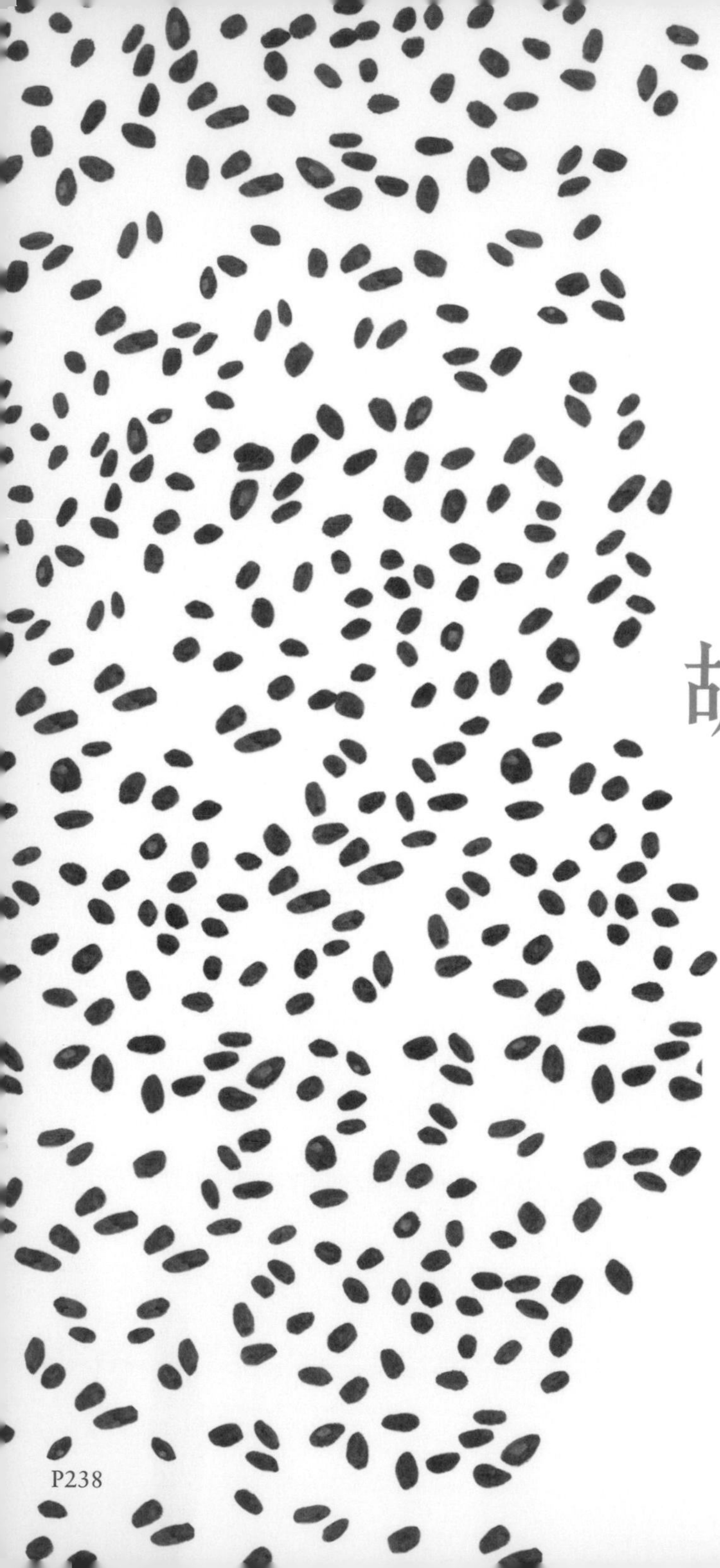

胡麻 Flax

智慧的結晶

小小的種籽
能榨出最醇香的菁華
能磨出最樸實的芬芳

讓生活裡
缺少不了這一味

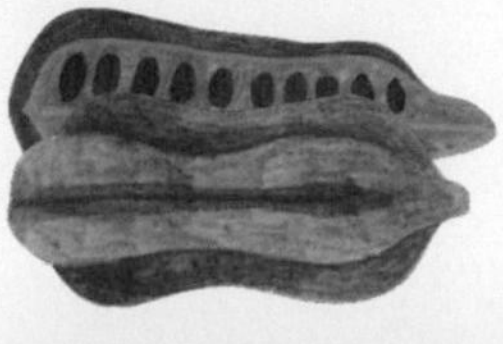

立冬

黑芝麻鮮奶酪

立冬，補冬補嘴空
10月小陽春
芝麻補血養肝腎
黑芝麻　白乳酪
甜品百搭

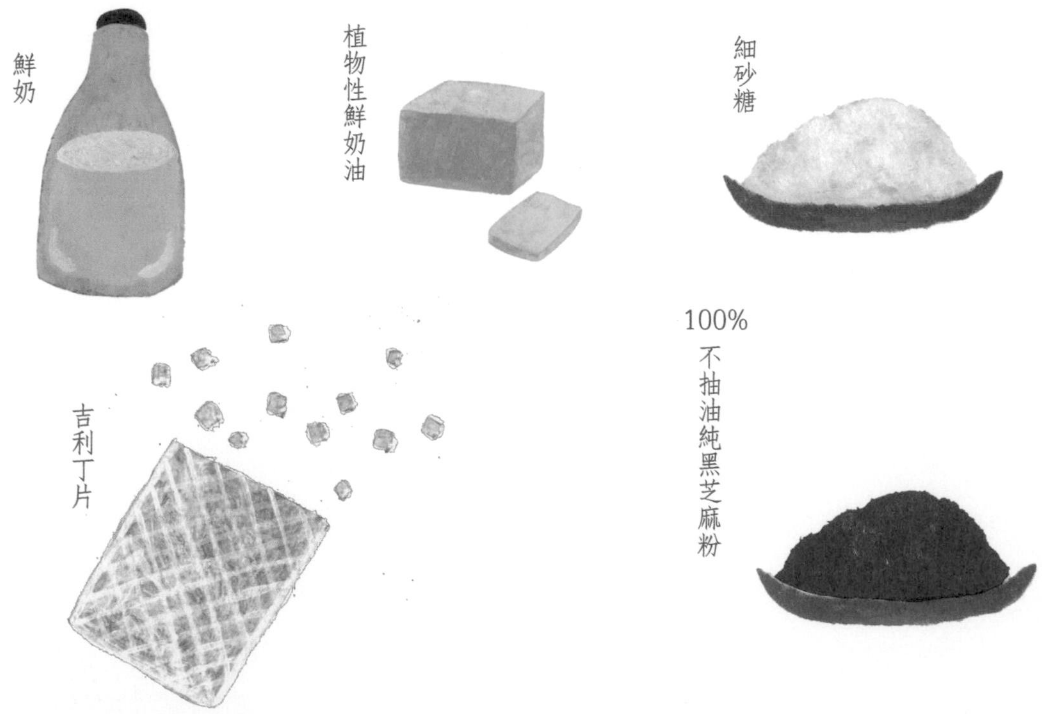

- 吉利丁片用冷開水泡軟，瀝乾備用
- 把1/2的鮮奶+糖煮到將近沸騰（鍋邊開始起泡），關火並加入黑芝麻粉均勻攪拌
- 將吉利丁一片一片加進去攪拌，並加入剩餘的鮮奶和鮮奶油拌勻
- 將黑芝麻奶酪液放到冰水中隔水攪拌降溫，攪拌成稠狀再倒入杯中，冷藏待其凝結即可食用(約2小時)
- 可以等凝結後在表面再灑上一層黑芝麻粉裝飾

小雪

小雪感恩 微風紫

交節日：國曆 11/21-23

日光驟暖驟冷
正好幫孤單找了伴
紫紅配上黑紫的果
酸甜中交情頗好
大白菜配上小煮軟火
滑嫩中印入心底

相思成串——葡萄

古老的、世界的作物，幾千來的釀酒材。葡萄在台灣，釀酒的是金香白葡萄，鮮食的是巨峰葡萄，紫裡帶紅泛黑，果粒又大又甜；小雪節氣宜吃溫性食物，葡萄正好。

窩心──大白菜

大白菜又稱結球白菜、包心白菜，小雪時正好是大白菜產量最豐，品質最棒時節；其性甘涼而近寒，是火鍋不可或缺的菜底，也成就許多經典料理。

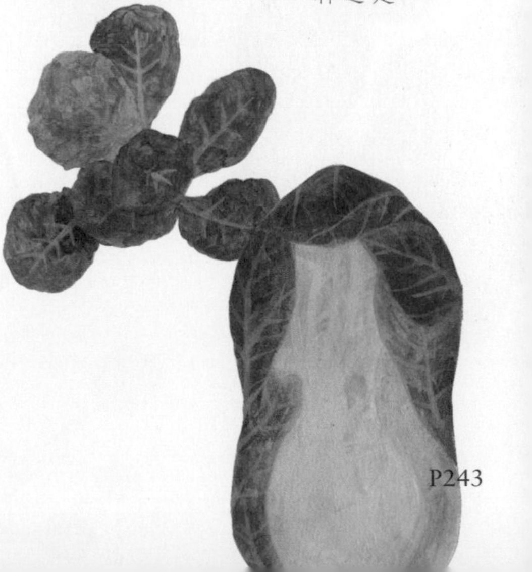

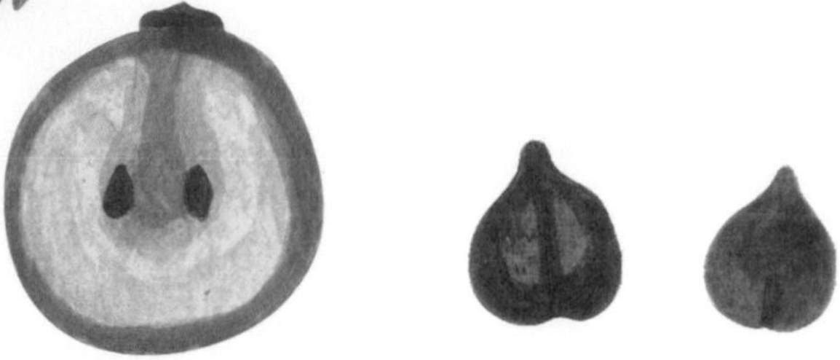

葡萄 Grapes

最古老的水果

經典葡萄 Classic Grapes　苗栗卓蘭葡萄

好吃產地 Place of Origin　〔台中〕新社〔彰化〕埔心〔苗栗〕卓蘭〔南投〕信義

挑果吉日 In Season　11月～2月

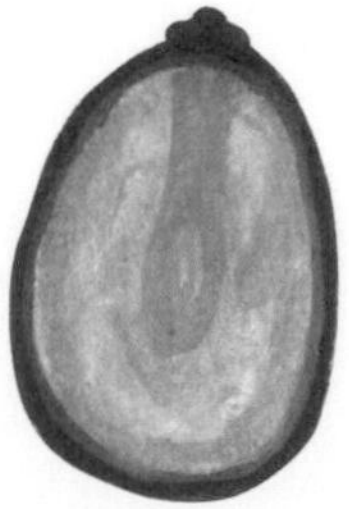

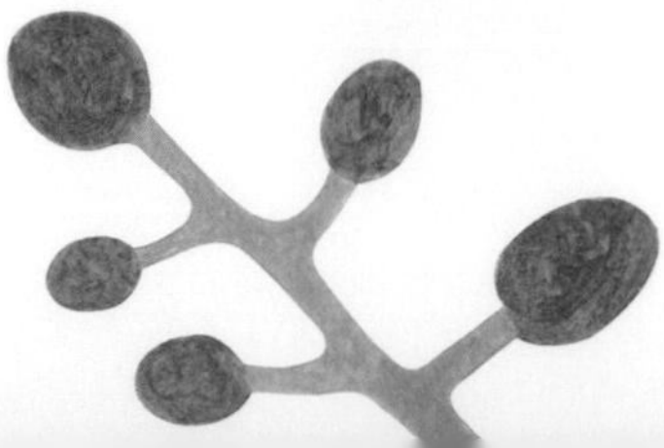

小雪

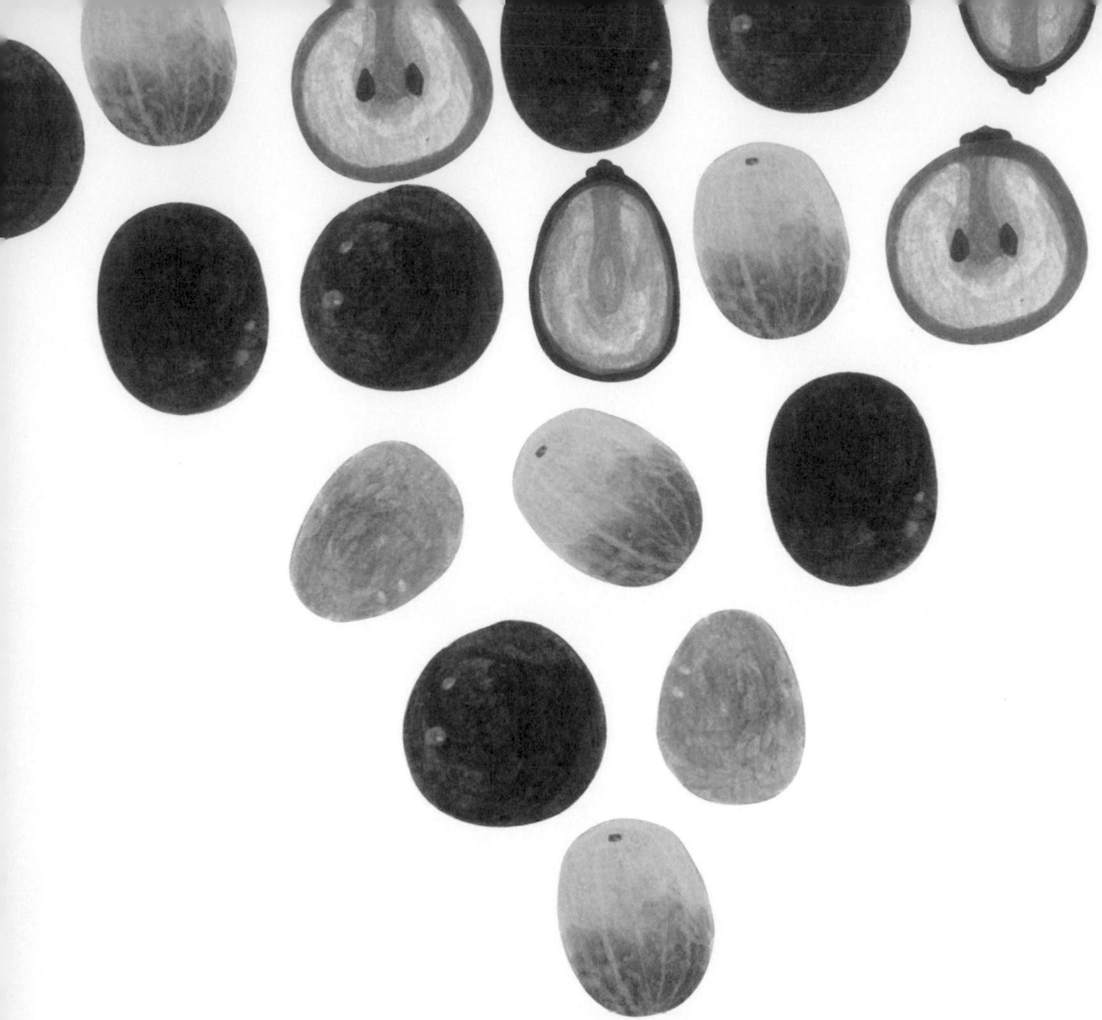

葡萄 Grapes

最古老的水果

葡萄與釀酒
可以溯至好幾千年前
似乎與人類文明等長
相互生活陪伴
古老的、無國界的水果

小雪

P247

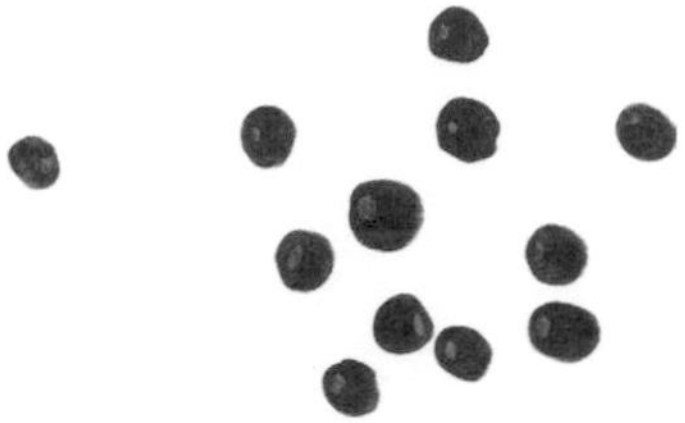

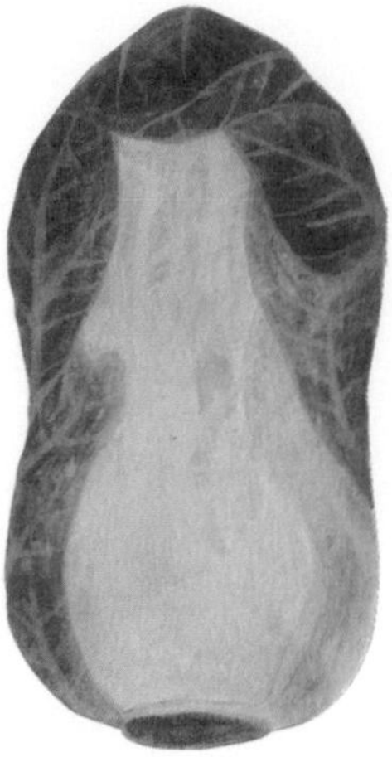

大白菜 Chinese cabbage

冬日當家作主角

經典大白菜 Classic Chinese cabbage　雲林大白菜

好吃產地 Place of Origin　冬令〔彰化〕〔雲林〕〔嘉義〕〔台南〕、夏令〔台中〕梨山〔宜蘭〕南山

挑菜吉日 In Season　11月~5月

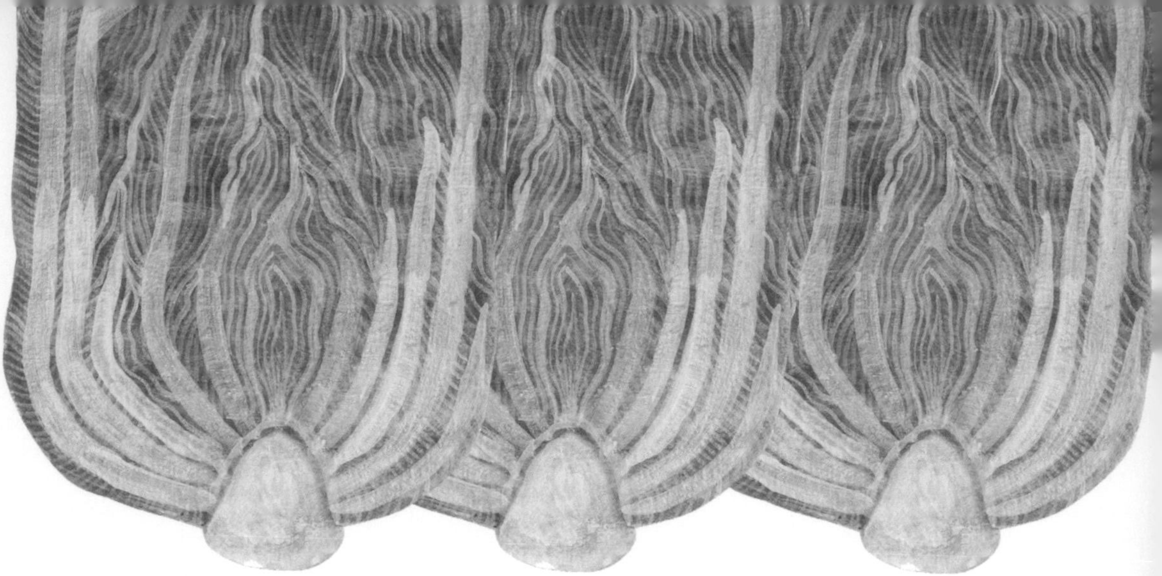

大白菜 Chinesecabbage

冬日當家作主角

每逢冬季　一顆顆大白菜
時時儲存在家戶的倉庫裡
最常民的食材
炒白菜、清拌白菜、醋溜白菜、白菜煮湯・・・
道道拿手絕活
都自大白菜而來

小雪

P251

小雪

爛糊紅蝦

冬季萬物休養渡冬
養精蓄銳待春來
大白菜熬得住煮
熬得出菁華
綴點蝦紅
祭入五臟

蝦仁150克

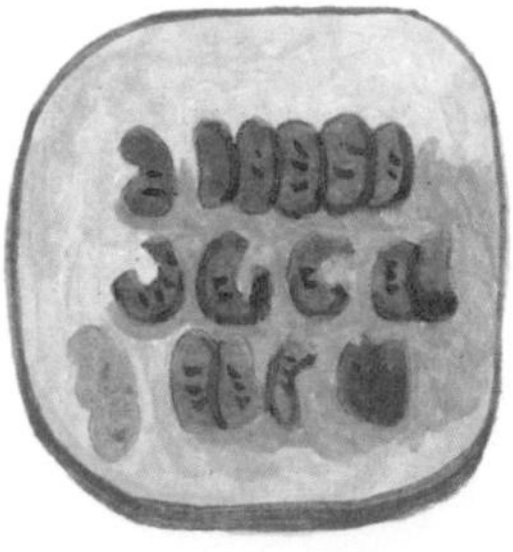

大白菜600克

水

蔥花1大匙

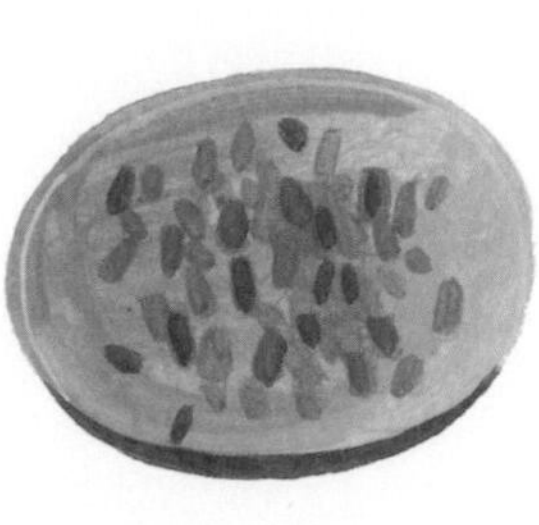

太白粉水適量

小雪

- 蔥花炒香，加白菜炒軟
- 加醬油、鹽、水，蓋上鍋蓋悶軟
- 加入蝦仁，並以太白粉水勾芡即可食用

學太陽—金柑

個頭小，卻閃著橘色亮光，想要模仿黃昏夕陽。台灣金柑栽培以長實金柑為主，每年5至6月後新梢葉腋開花，有三至四次之花期，果實由11月到次年2月成熟。目前台灣金柑生產以宜蘭縣最多，生產之果實以加工蜜餞為大宗。

大雪

大雪紛飛 漫天灰

交節日：國曆 12/6-8

大雪只會在台灣的幾座高山飛
倒是寒流一波波來襲
愛冬季裡窩在家裡，享受溫暖
愛冬季裡
病蟲減少，作物趁機豐收

冷甘甜—高麗菜

高麗菜又稱甘藍，台灣各地均有栽種。秋、冬、春是它的生產期，但當大雪時節，是高麗菜最好吃的時候。沒有人不吃高麗菜，沒有人不愛高麗菜，但卻很難想念高麗菜，因為它時時都在。

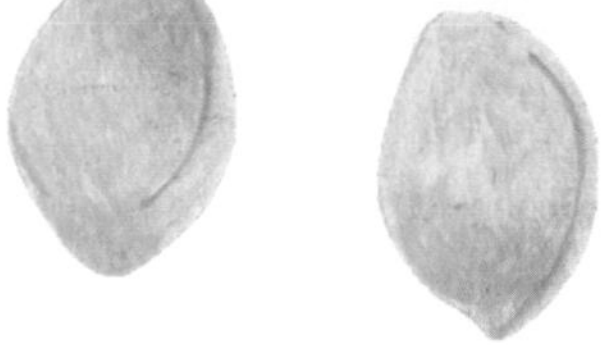
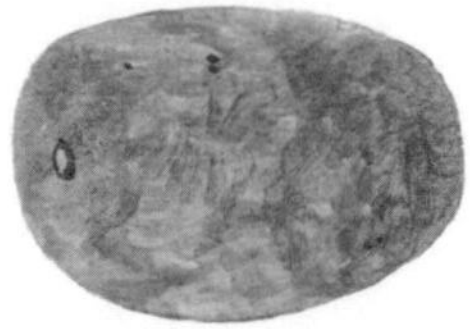

金柑 citrus

蘭陽平原的拇指姑娘

經典金柑 Classic Citrus　宜蘭金柑

好吃產地 Place of Origin　〔宜蘭〕員山、礁溪〔彰化〕

挑果吉日 In Season　11月~3月

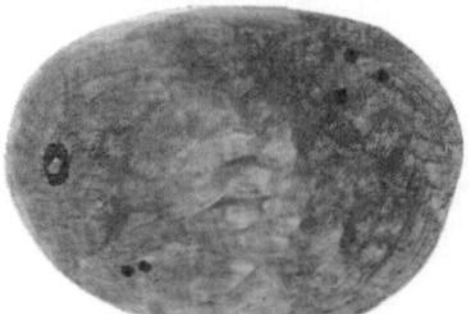

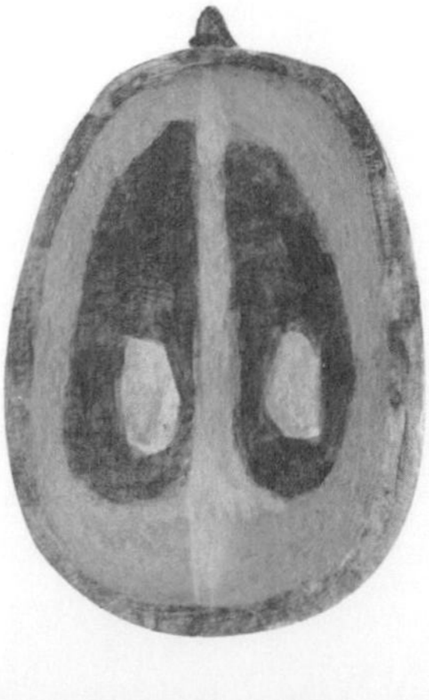

大雪

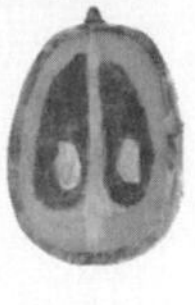

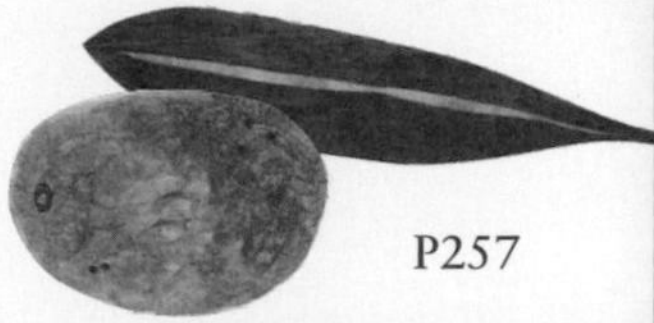

P257

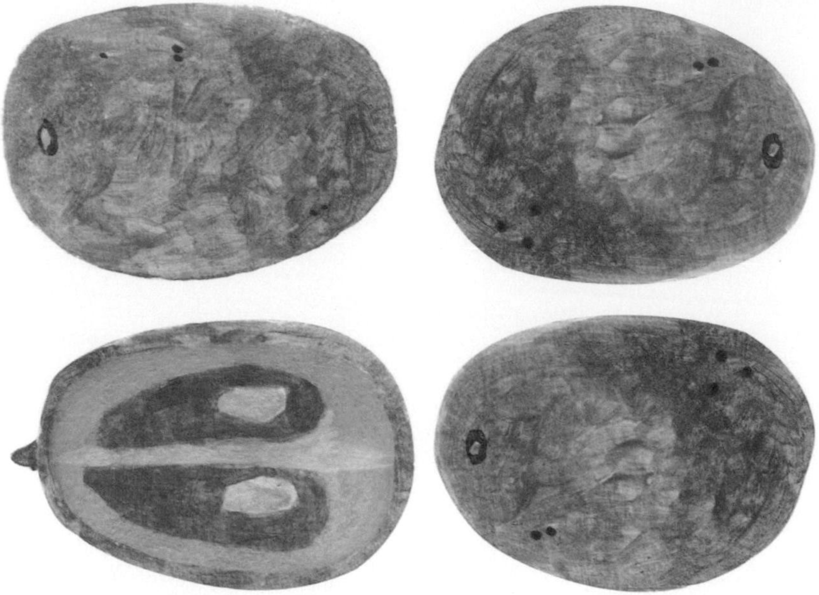

金柑 citrus

蘭陽平原的拇指姑娘

在柑橘家族裡
個子最小
全身充滿力量

在得天獨厚的蘭陽平原上
強悍地
用乾旱與日照來催熟

高麗菜 Cabbage

台灣的初雪

經典高麗菜 Classic Cabbage　台中梨山高麗菜

好吃產地 Place of Origin　〔南投〕〔彰化〕〔雲林〕〔嘉義〕〔台中〕和平

挑菜吉日 In Season　11月~3月

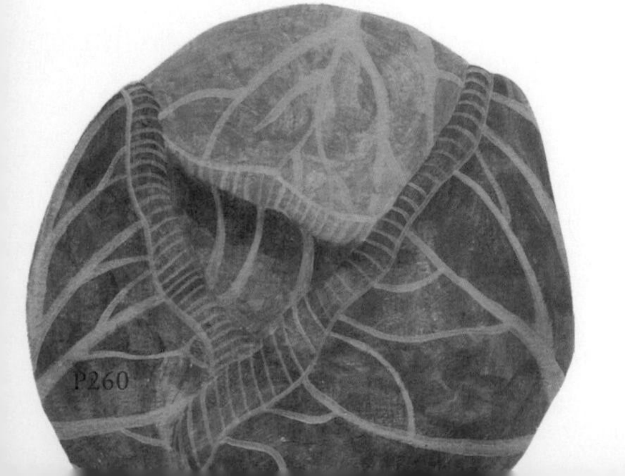

大雪

高麗菜 cabbage

台灣的初雪

捲心菜
包心菜
一層層包裹著　最隱密的心
是屬　冬　的雪花

大雪

養生 高麗菜飯

大雪
白色蔬菜類的季節
這時，清脆又盛產
要多吃一些蔬菜
早點入睡，精神好

白米

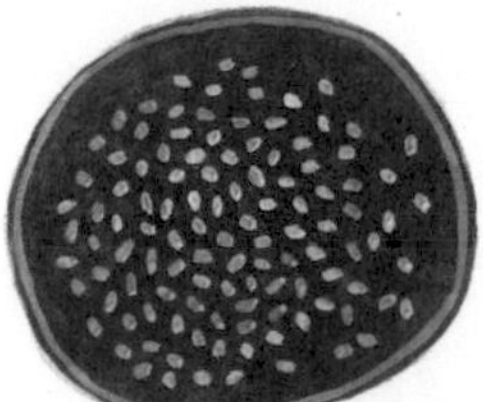

有機高麗菜

香菇

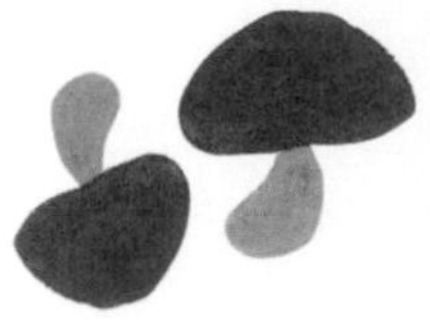

紅蘿蔔

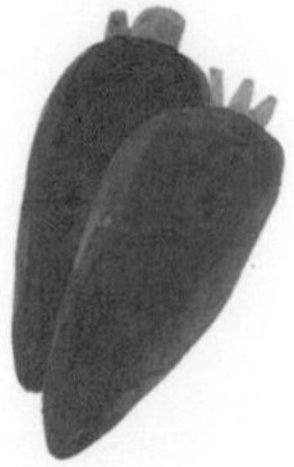

火腿

香菜

大雪

- 先預煮4杯量米杯量的白米飯
- 有機高麗菜半顆洗淨，剝小片
- 紅蘿蔔切細絲、香菜切小段
- 香菇洗淨泡軟之後，切條狀
- 切薑末備用
- 取火腿4大片切絲，放入烤箱以小火烤乾
- 加油熱鍋依序放進香菇、薑末、紅蘿蔔、火腿、高麗菜
- 炒好後加入煮好的白飯拌一拌
- 最後加入香菜即可

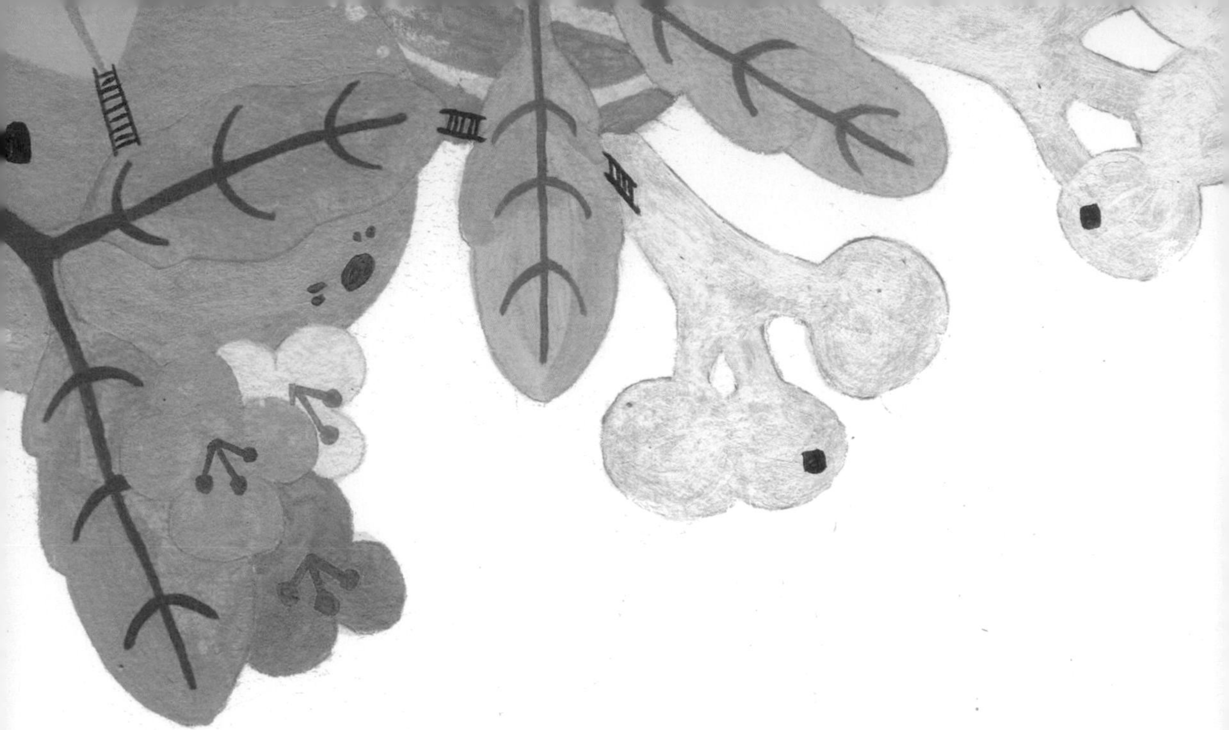

冬至

冬至節 團圓正紅

交節日：國曆 12/21-23

湯圓　羊肉爐　薑母鴨
都是一年年
一家人彼此約定相愛的證明
椪柑　花椰菜
都是一年年
一家人彼此約定不老的證明

冬至吃椪柑

10月至12月為「青皮椪柑」，選擇大果，酸味較低。1月至4月為「貯藏柑」供應期，果梗處寬平、果底稍凹者。果型整齊、果皮色澤漂亮、果實沉重者為佳。

大開花——花椰菜

花菜是野生甘藍的變種，它和花椰菜是雙胞胎姊妹，台灣冬至春季為盛產期，產地分散於全島各地，其中以中南部栽培較多。

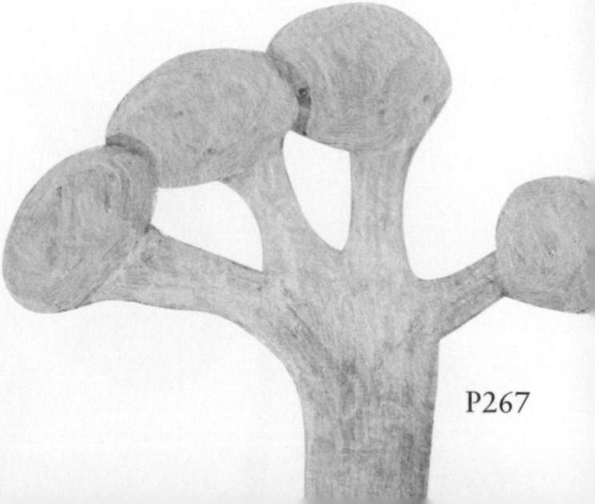

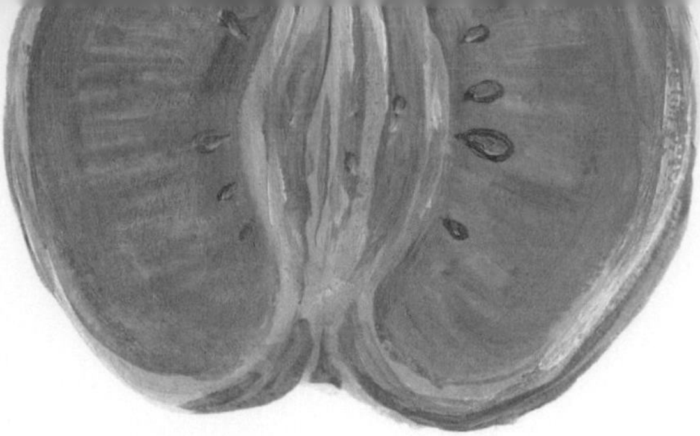

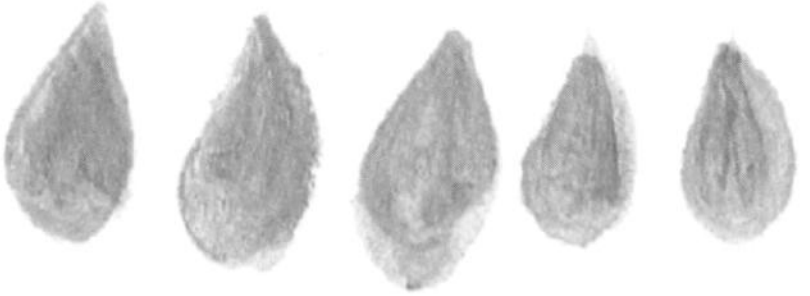

椪柑 citrus
圓融

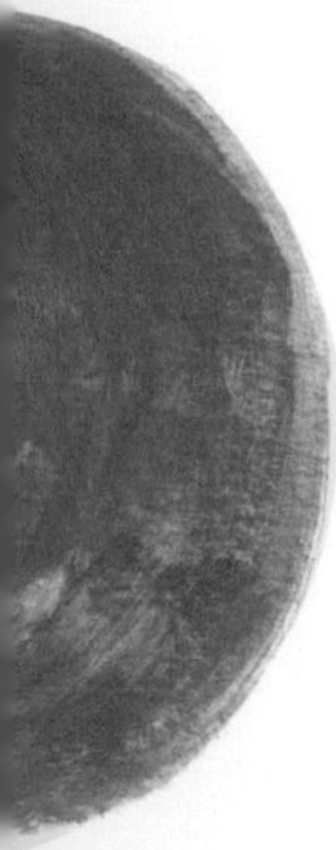

經典椪柑 Classic Citrus：嘉義竹崎椪柑

好吃產地 Place of Origin：〔嘉義〕竹崎、梅山、大林、番路〔台南〕東山、白河鎮南寮

挑果吉日 In Season：11月～12月

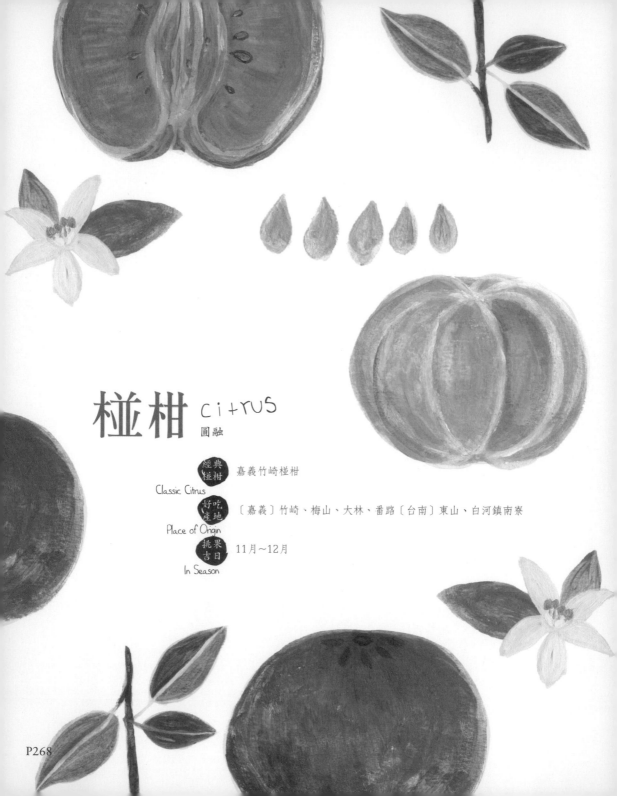

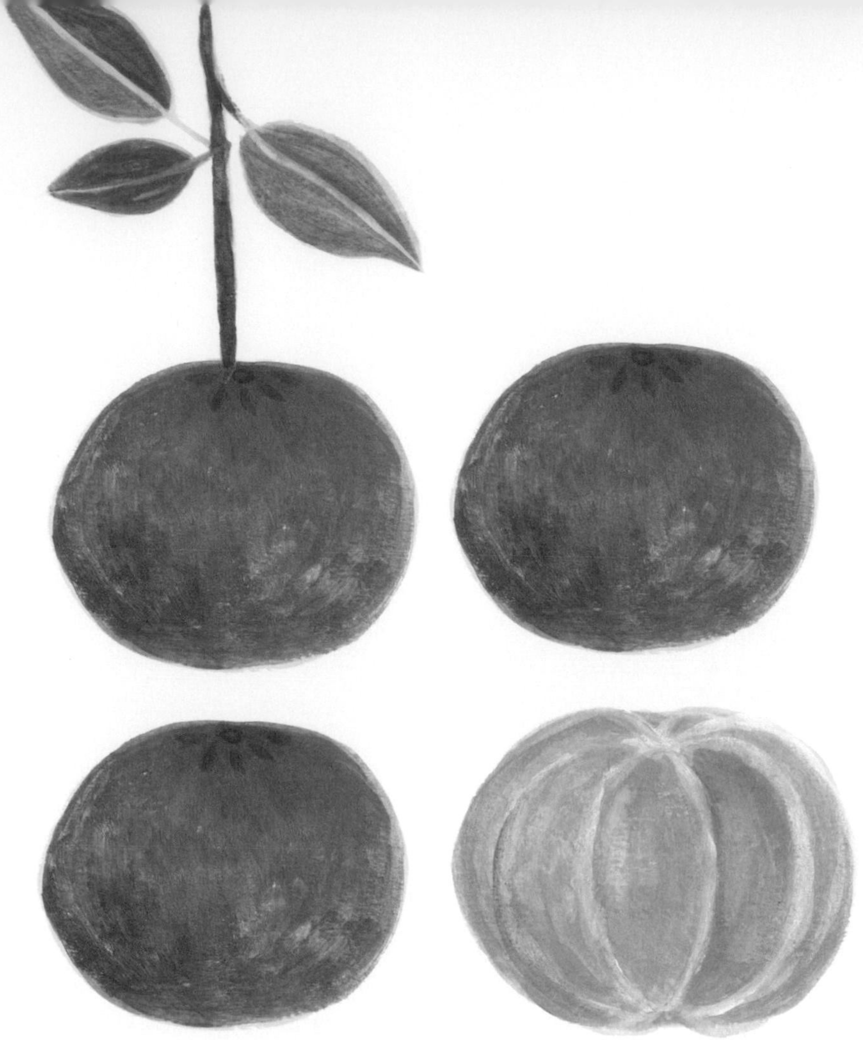

椪柑 citrus

圓融

有著冬日最溫暖貼心的橘果實
春日最清爽宜人的白花朵
椪柑的圓融總是恰到好處
溫潤著每個不經意的細節

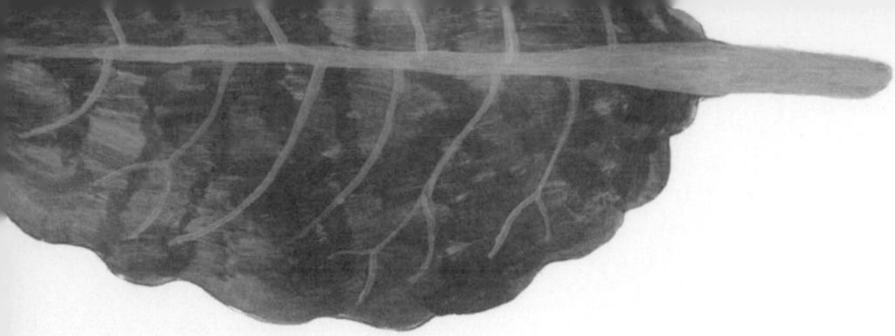

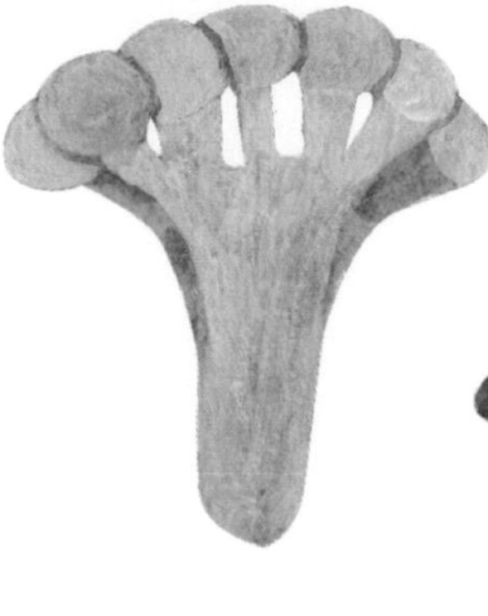
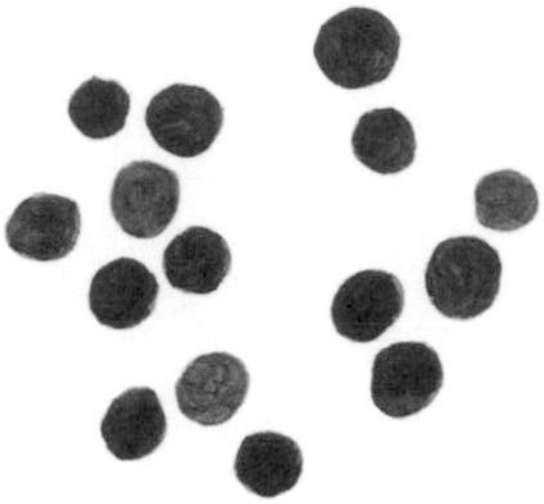
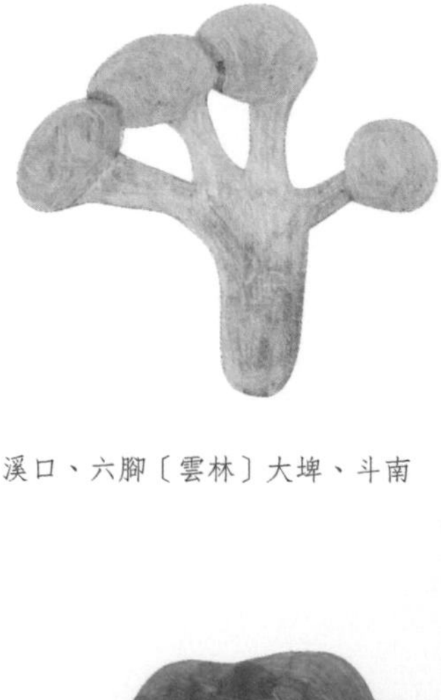

花椰菜 cauliflower

冬天的大樹

經典花椰菜 Classic Cauliflower　彰化埔鹽花椰菜

好吃產地 Place of Origin　〔彰化〕埔鹽、福興〔苗栗〕後龍〔嘉義〕新港、溪口、六腳〔雲林〕大埤、斗南〔高雄〕路竹、楠梓

挑菜吉日 In Season　11月～3月

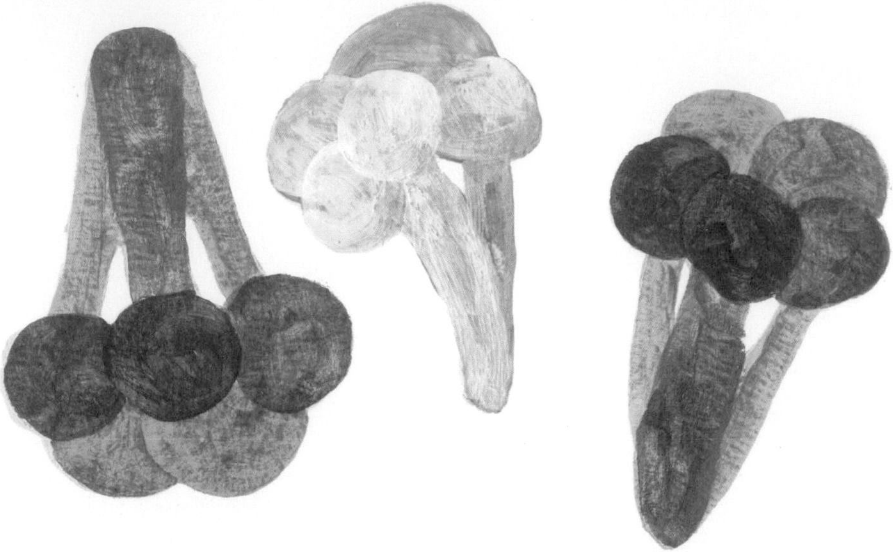

花椰菜 cauliflower

冬天的大樹

每片葉相互環抱
合成球形
緊密擁抱成堅強
縱身一剖
都像株大樹的縮影

冬至

綠花鹹湯圓

家家搗米做湯圓
知是明朝冬至天

冬至圓仔呷落去加一歲
今天要回家吃湯圓

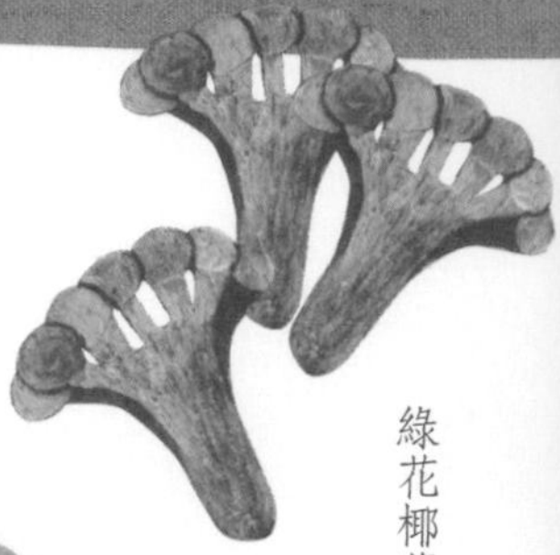

綠花椰菜

鮮肉湯圓

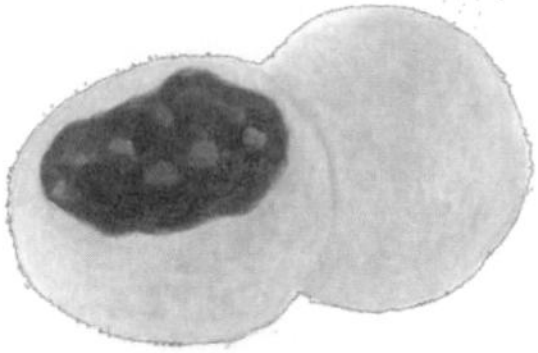

無鹽番茄汁

未醃漬橄欖

橄欖油

洋蔥

鹽

番茄

- 將湯圓與綠花椰菜以外的食材先用電鍋蒸熟，蒸煮後的湯就成了自然蔬果高湯
- 煮鹹湯圓，將湯圓、綠花椰菜、橄欖一塊兒煮熟後加一點鹽調味
- 最後將步驟1的食材及蒸煮後的自然蔬果高湯倒入步驟2中
- 即可完成鮮甜美味的綠花鹹湯圓

小寒

小寒臘八 雜灰雜紫

交節日：國曆 1/5-7

屏東的心　在此時劇烈跳動
紅豔豔的　驅寒驅瑟
小寒的冷　在放進茼蒿的那刻
轉為暖冬

金剛傳奇—蓮霧

冷鋒高潮的小寒適逢國曆1月，此時蓮霧汁甜飽滿，不管是高雄六龜的黑鑽石，或是屏東林邊的黑珍珠，都讓人口口滿足。

同樂—茼蒿

小寒時節寒氣多引起傷風感冒，茼蒿性甘平而味辛，可驅寒、暖胃增加體力，冬日茼蒿已成為桌上最受歡迎之菜餚。台灣茼蒿栽培主要品種計有虎耳大葉種、匙葉種、切葉種（裂葉種）等。

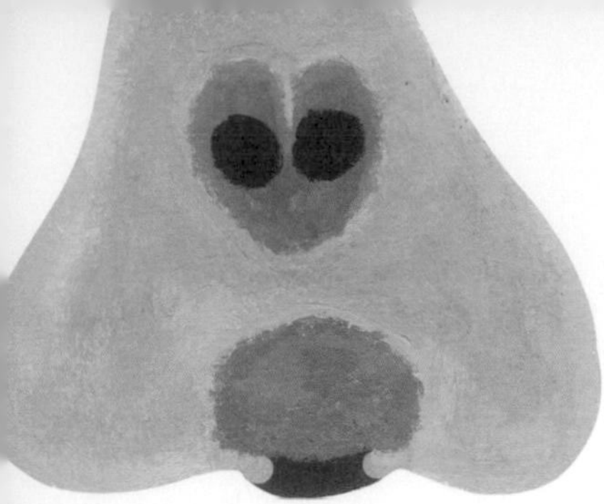

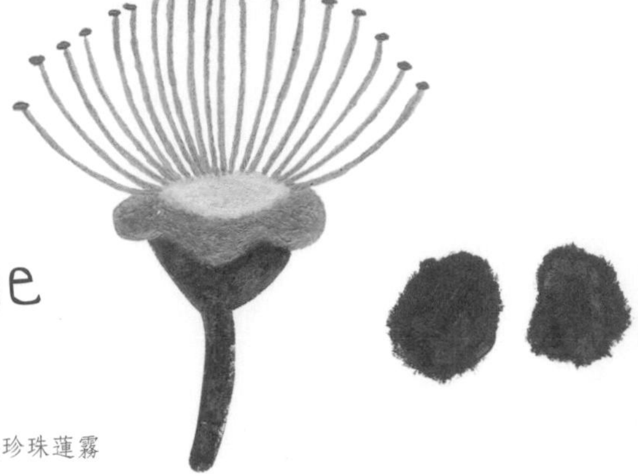

蓮霧 Waxapple

屏東的心臟

經典蓮霧 Classic Wax apple：屏東林邊黑珍珠蓮霧

好吃產地 Place of Origin：〔高雄〕六龜〔屏東〕里港、林邊、枋寮、南州、佳冬

挑果吉日 In Season：12月中旬~4月

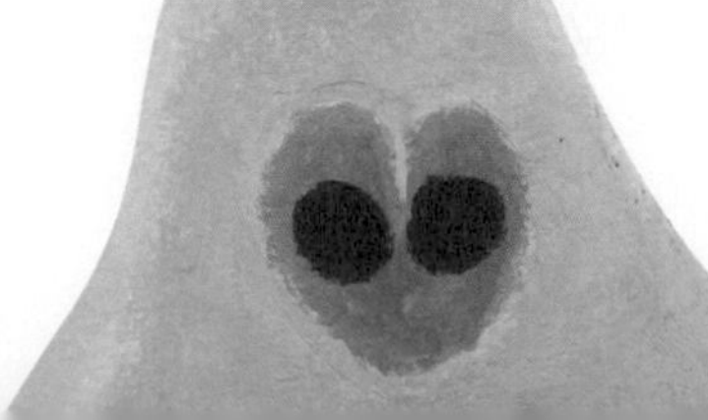

小寒

蓮霧 Waxapple

屏東的心臟

悠悠夏日的一場雪　原來是蓮霧花蕊的小戲法
看著褐色種子在綿密細緻的保護下甜甜的睡著
高大蓮霧樹　守候著粒粒果實
紅豔豔的果實，確確實實是屏東的心臟
是在地農業源源不絕的一股熱血

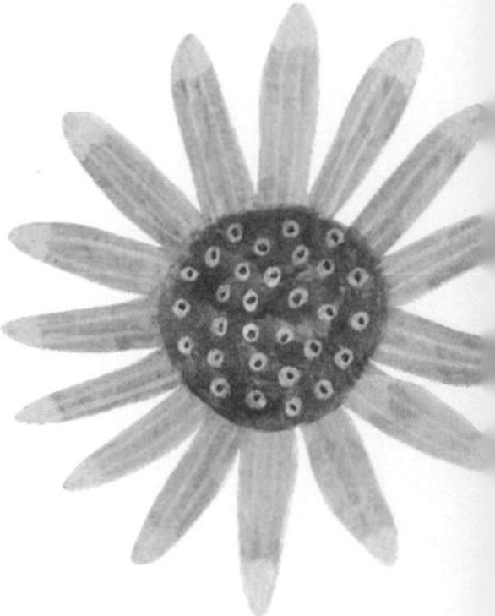

茼蒿 Garland chrysanthemum

當我們同在一起

經典茼蒿 雲林二崙鄉茼蒿
Classic Garland chrysanthemum

好吃產地 〔雲林〕二崙〔彰化〕〔嘉義〕
Place of Origin

挑菜吉日 1月~3月
In Season

小寒

P285

茼蒿 Garlandchrysanthemum

當我們同在一起

春天開花，是豔黃的花朵
冬天收穫，是夏天的想念
是蚵仔煎，必備的顏色
是冬天火鍋，必攪和的一抹綠
是冬至吃鹹湯圓，在一起的味道

小寒

小寒、

涼拌蓮霧

怎麼蓮霧喜歡黑
又愛珠光寶氣
黑金剛、鑽石、珍珠，
外加近來的子彈型
冬來應景
也來養生

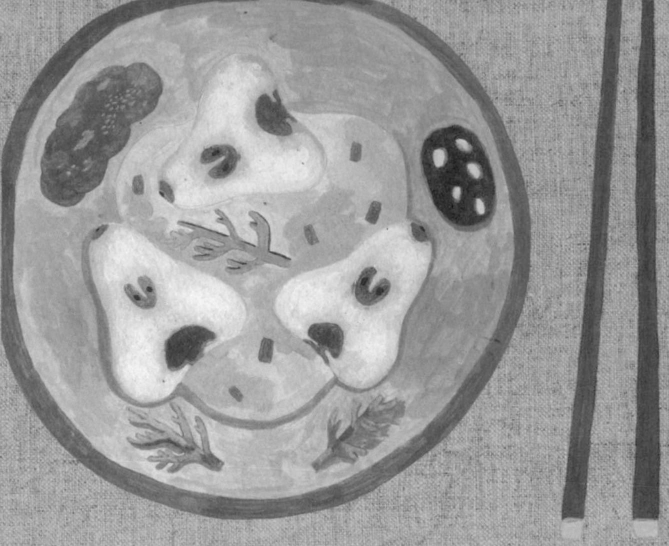

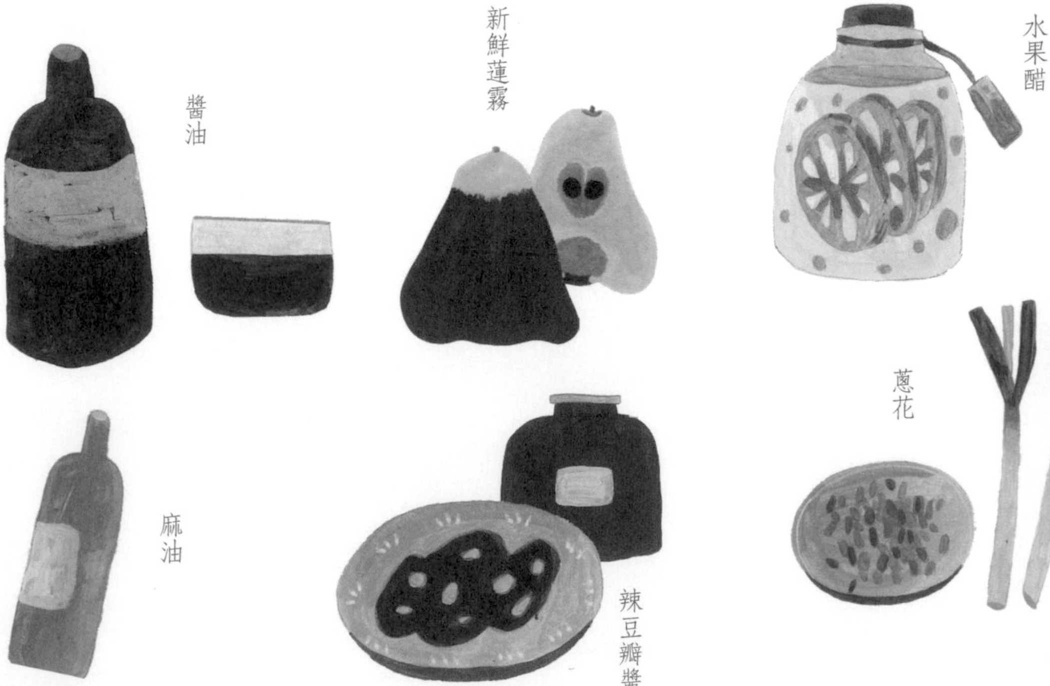

- 蓮霧洗淨切小塊去蒂頭，切成約1.5公分立方的小塊，盛於盤中
- 於小皿中充分混合醬油、醋、麻油與辣豆瓣醬
- 將調好的醬汁淋在蓮霧上，略微攪拌
- 灑上蔥花，即可上桌

早過年——蜜棗

每年產於農曆前後的季節果物蜜棗，因產地氣候的不同與栽種的過程，讓蜜棗有著不同的口感與甜度。果肉甜脆細緻，是此時的養生好物，高雄市的大社、燕巢、岡山及阿蓮等地區、屏東皆為產地。

大寒

大寒凍 高粱嗆金

交節日：國曆 1/19-21

歡慶　一年完美收了尾
圍桌而坐
菜頭上桌　蜜棗殿後
甜蜜蜜不怕冷
最後再來一杯酒
因酒香　開始起願　下一個心願

好彩頭—菜頭

台灣普稱蘿蔔為菜頭，產地在雲林、嘉義、彰化、南投等地。盛產期在10月至隔年2~3月，夏天為淡季。大寒時節，多吃菜頭（蘿蔔），對心血管格外好。

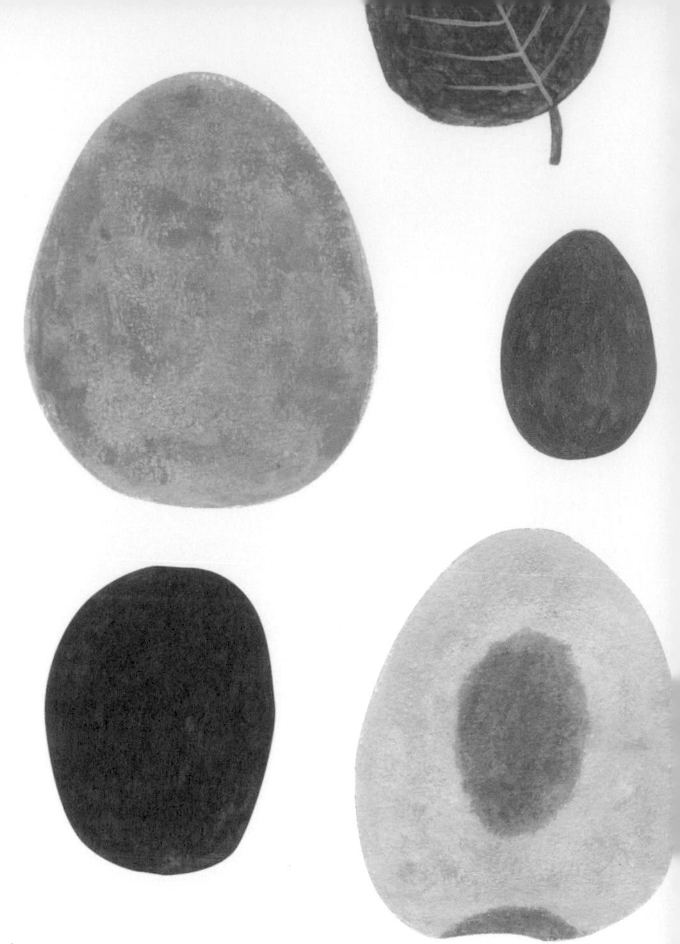

蜜棗 Jujube

冬日甜味

經典蜜棗 Classic Jujube　高雄大社牛奶蜜棗

好吃產地 Place of Origin　〔嘉義〕竹崎〔台南〕南化、楠西〔高雄〕大社、燕巢、阿蓮

〔屏東〕里港、高樹、鹽埔

挑果吉日 In Season　12月～2月

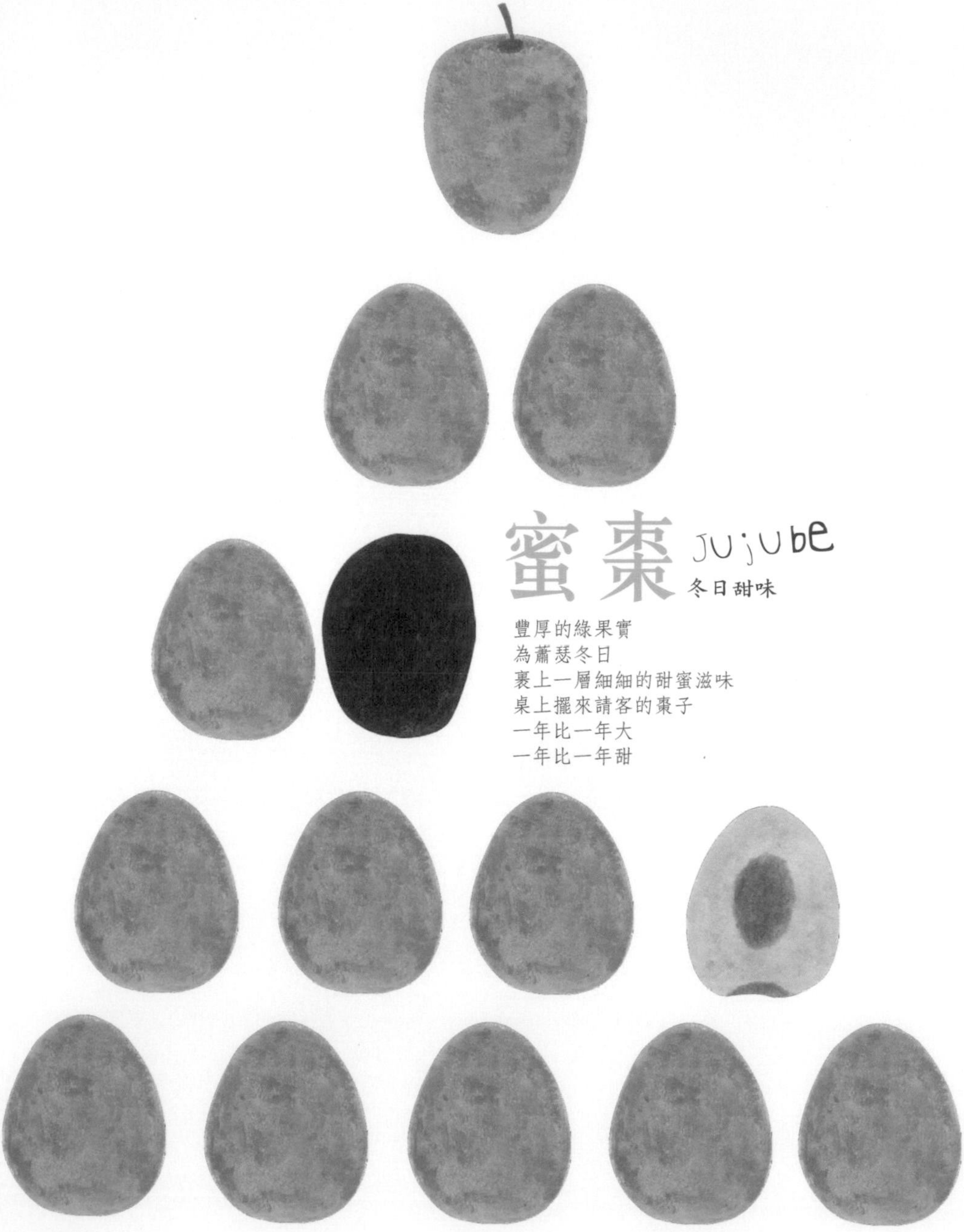

蜜棗 Jujube

冬日甜味

豐厚的綠果實
為蕭瑟冬日
裹上一層細細的甜蜜滋味
桌上擺來請客的棗子
一年比一年大
一年比一年甜

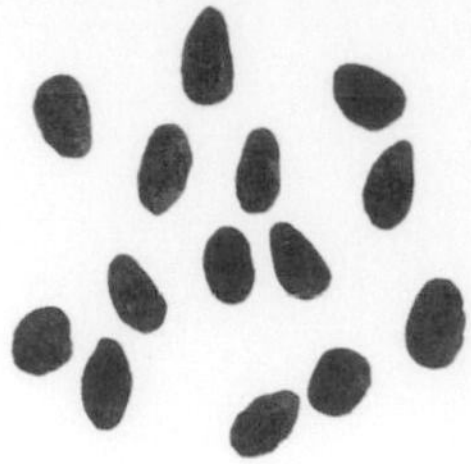

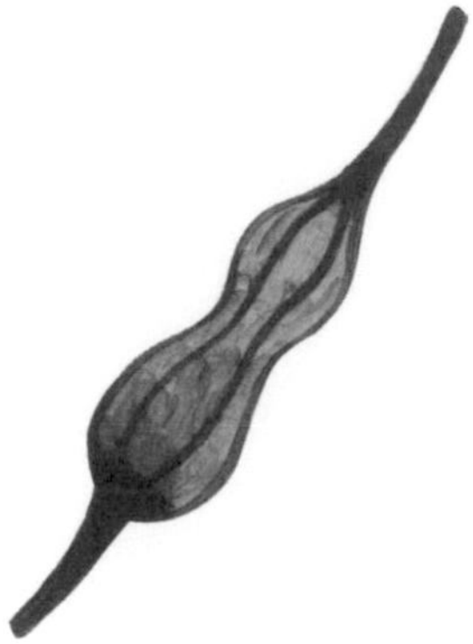
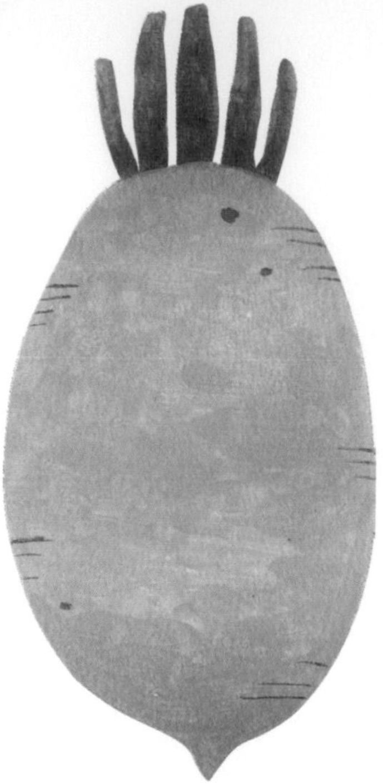

菜頭 Radish

家的味道

經典菜頭 Classic Radish
高雄美濃白玉蘿蔔

好吃產地 Place of Origin
〔新竹〕五峰〔台中〕清水〔彰化〕福興、二林、芳苑〔南投〕埔里
〔雲林〕台西〔嘉義〕布袋〔台南〕〔高雄〕美濃

挑菜吉日 In Season
12月～2月

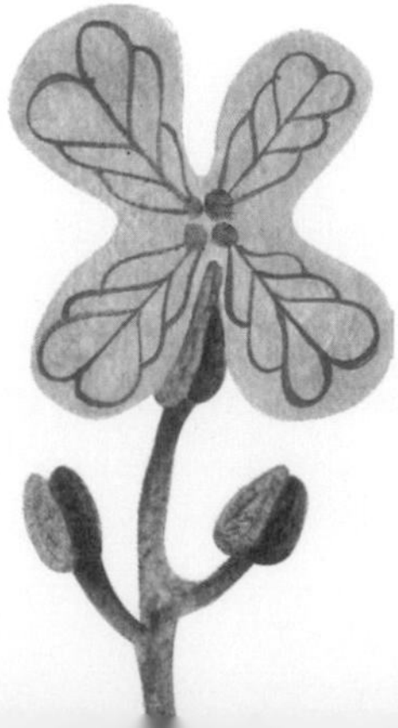

P297

菜頭 Radish

家的味道

最喜歡的就是當冬天過後
經過陽光洗禮後
最濃最濃　那媽媽的味道

也是過年少不了的吉祥味

大寒、

玉棗薄餅

新年頭，舊年尾
蜜棗味，飽滿甘華
佳節天氣寒冷
要多活動手腳
保暖身心

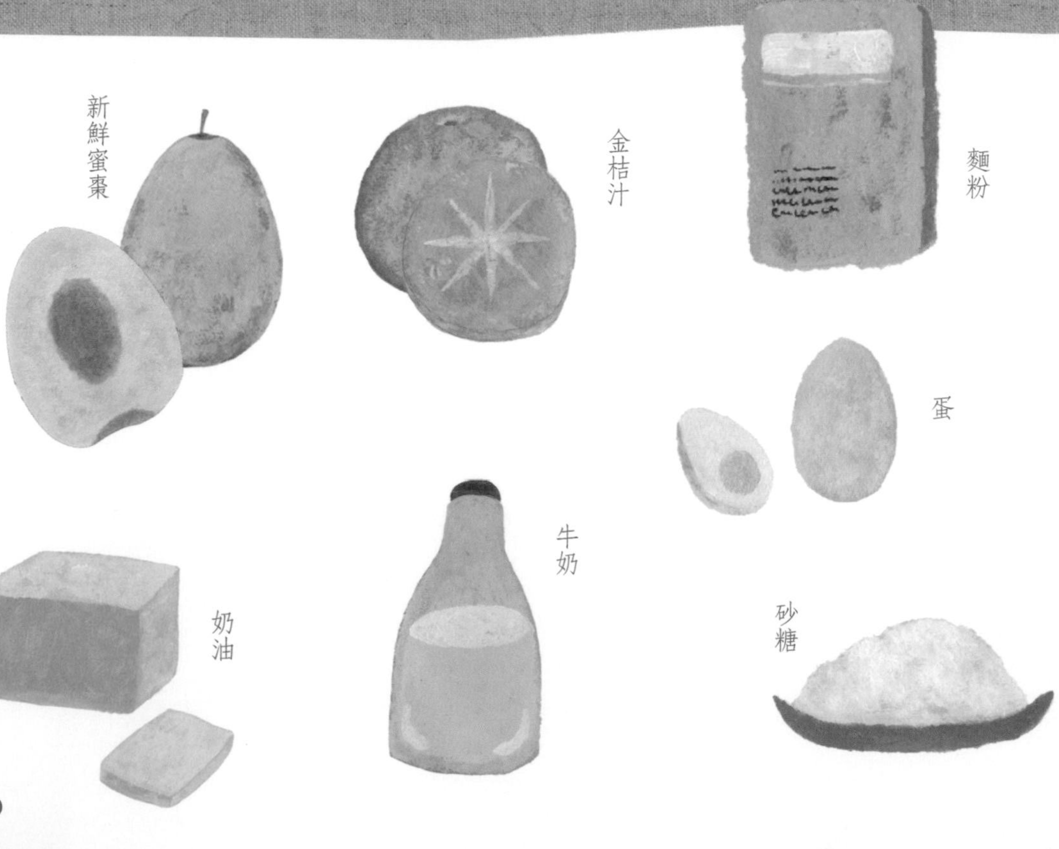

- 將蜜棗切絲，加入全蛋、砂糖、麵粉、奶油、牛奶拌勻，入鍋煎成薄餅備用
- 吐司切小丁烤香，鋪在薄餅上，淋少許金桔汁果醬後即可享用

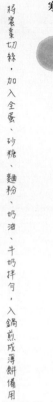

1. 烏魚

有小婆仔、中婆仔、大金鱗等
種類決定體型大小和結卵多寡
烏魚卵約在每年白露後漸形成
接著冷風越吹結卵越飽滿
國曆11月始採收卵
過了時間便將卵排至體外
那是牠們繁衍後代的大好機會

冬漁獲

2. 豆仔魚

個子不大　卻力大無窮
冬季時身材最姣好
小時候生活在海中
專吃浮游動物及小型甲殼類
隨著成長
食性由動物性轉變為雜食性
而後再轉變為偏草食性
對吃　豆仔魚有自己的講究

3. 土魠魚

側扁的長紡織型
口大且口裂
所以脾氣乖張
每次出沒皆是一群
好似上演幫派戲碼
食肉食小魚與甲殼
台灣四周都有牠們的蹤跡
可迅速敏捷地稱霸四方

4. 午仔魚

俗說一鯧二午
肉質鮮美細緻
是最常上桌的家常菜
掠食性魚類
性凶猛　會攻擊小魚
因冬季風浪大、沿岸水混濁
小魚常被浪拍至近岸
易成午仔獵物

5. 嘉腊魚

當東北風起　嘉腊現蹤
隨著冷水團南移
肥滋滋的模樣
討喜中帶著豔麗色澤
對鹽度變化控制自如
有「海鮮之王」的稱號
卻因個性刁鑽
讓漁人又愛又恨

廿四分之一挑食

From Time to Land 節氣食材手札 2AF365

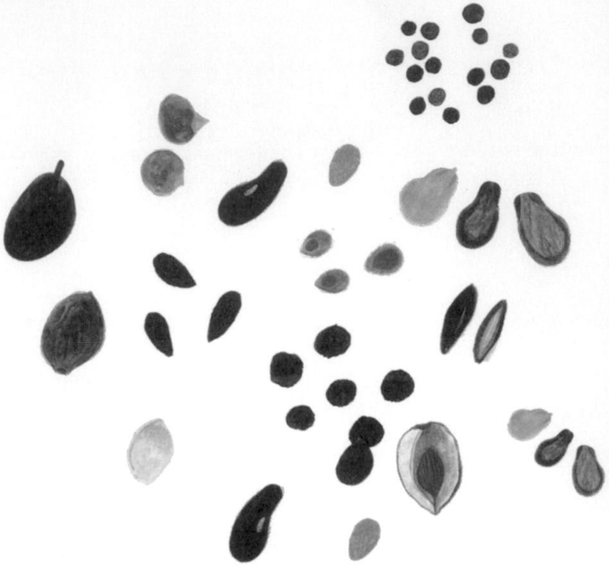

作　　者 | 種籽設計 SEED DESIGN
美術設計 | 種籽設計 SEED DESIGN
責任編輯 | 溫淑閔
主　　編 | 溫淑閔
總 編 輯 | 姚蜀芸

副 社 長 | 黃錫鉉
總 經 理 | 吳濱伶
發 行 人 | 何飛鵬
出　　版 | 電腦人文化／創意市集

發　　行 | 城邦文化事業股份有限公司
歡迎光臨城邦讀書花園
網　　址 | www.cite.com.tw

香港發行所　城邦（香港）出版集團有限公司
香港灣仔駱克道193號東超商業中心1樓
電　　話 | (852) 25086231
傳　　真 | (852) 25789337
E-mail | hkcite@biznetvigator.com

馬新發行所　城邦（馬新）出版集團
Cite (M) Sdn Bhd
41,Jalan Radin Anum,
Bandar Baru Sri Petaling,
57000 Kuala Lumpur, Malaysia.
電　　話 | (603) 90563833
傳　　真 | (603) 90576622
E-mail | services@cite.my

印　　刷 | 凱林彩印股份有限公司
2023年7月 二版1刷
Printed in Taiwan
定　　價 | 380元

國家圖書館出版品預行編目資料

廿四分之一挑食.節氣食材手札/種籽設計著. -- 二版.
-- 臺北市：
創意市集出版：城邦文化事業股份有限公司發行,
2023.07 面；公分
ISBN 978-626-7336-11-3（平裝）
1.CST: 食譜
427.18　　　112009451